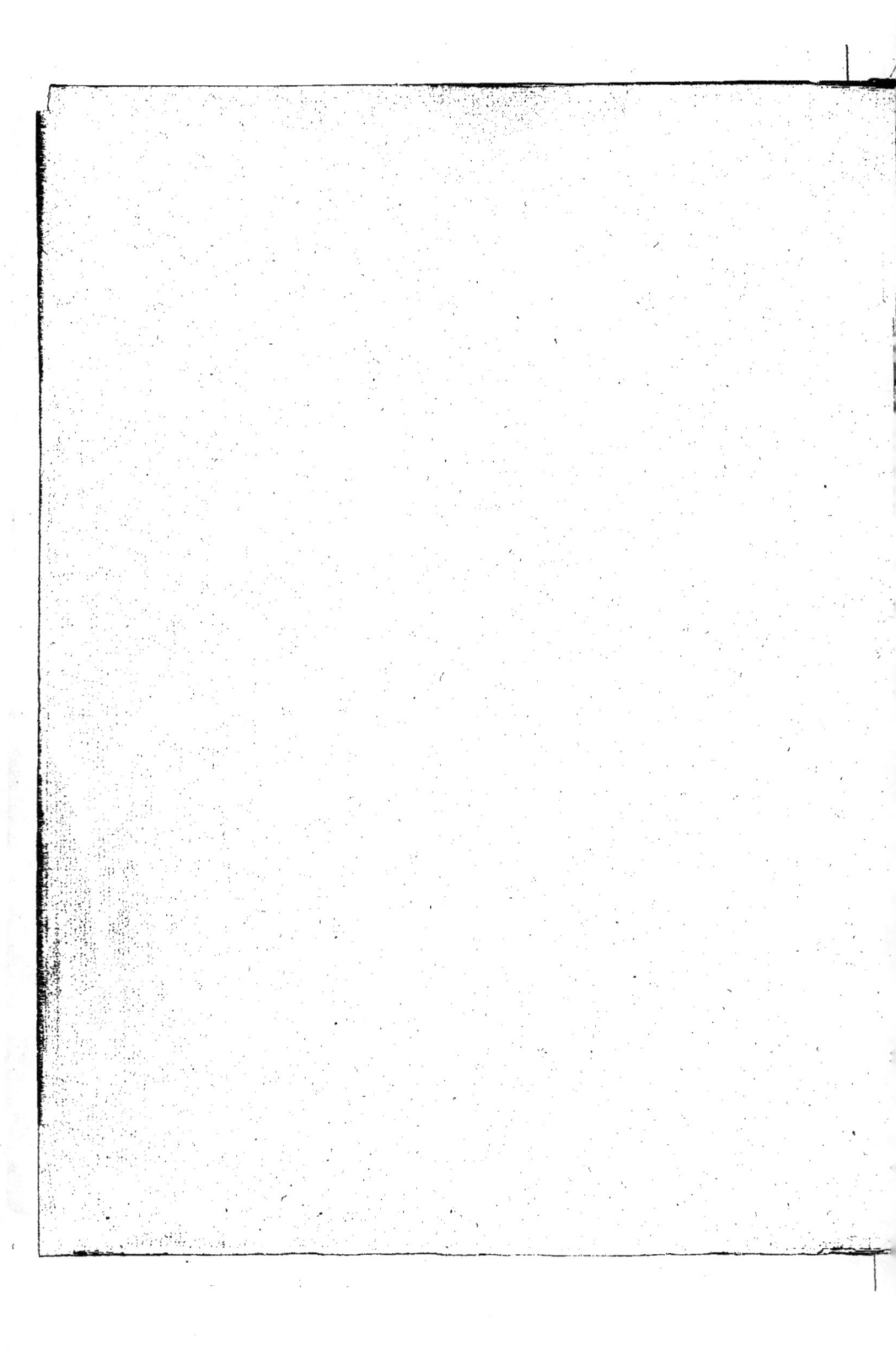

TABLEAUX

DE

STATISTIQUE AGRICOLE

DU

CANTON DE GENÈVE

PAR

Charles ARCHINARD
Membre de la Société des Arts, ancien Président de la Classe d'agriculture

I

1883
EN VENTE A GENÈVE, A L'ATHÉNÉE
BUREAU DE LA CLASSE D'AGRICULTURE
ET CHEZ LES PRINCIPAUX LIBRAIRES

TABLEAUX

DE

STATISTIQUE AGRICOLE

DU

CANTON DE GENÈVE

PAR

Charles ARCHINARD

Membre de la Société des Arts, ancien Président de la Classe d'agriculture.

I

1883

EN VENTE A GENÈVE, A L'ATHÉNÉE

BUREAU DE LA CLASSE D'AGRICULTURE

ET CHEZ LES PRINCIPAUX LIBRAIRES

GENÈVE. — IMPRIMERIE SCHUCHARDT.

INDICATION DES TABLEAUX

TABLEAUX

SURFACE IMPOSÉE

TABLEAU n° 1.

RHONE & LAC

		Surface imposable à la confection du cadastre	Surface imposée en 1878	Surface contribuant à la production agricole
		H A M D	H A	H A
1	Bellevue	413.59.52.70	413.36	386.50
2	Céligny	452.45.28.40	451.63	431.48
3	Collex-Bossy	682.68.58.10	682.75	674.03
4	Dardagny	816.58.16.—	812.38	797.38
5	Genthod	279.83.03.10	280.92	243.69
6	Meyrin	993.78.51.20	990.24	974.14
7	Pregny	326.37.72.—	325.39	268.12
8	Russin	444.96.32.40	439.21	420.32
9	Saconnex (Grand)	391.32.29.80	388.28	373.78
10	Saconnex (Petit)	584.92.04.10	581.29	445.51
11	Satigny	1834.41.14.20	1828.67	1776.54
12	Vernier	701.40.44.60	700.03	677.87
13	Versoix	1003.37.87.10	1004.49	945.10
14	Saconnex (Ville)	91.19.99.30	89.09	— —
		9016.90.93.—	8987.73	8414.16

ARVE & LAC

		Surface imposable à la confection du cadastre	Surface imposée en 1878	Surface contribuant à la production agricole
		H A M D	H A	H A
1	Anières	370.30.95.90	370.07	366.75
2	Chêne-Bougeries	393.99.47.70	393.29	345.82
3	Chêne-Bourg	122.70.41.18	123.56	114.48
4	Choulex	372.52.06.80	372.86	344.72
5	Collonge-Bellerive	583.89.93.10	583.54	569.56
6	Cologny	338.86.76.—	338.56	311.91
7	Corsier	265.24.47.60	264.49	258.77
8	Eaux-Vives	231.49.27.50	229.37	113.23
9	Gy	321.25.31.70	319.69	316.30
10	Hermance	133.53.—.—	133.06	125.45
11	Jussy	1094.81.07.—	1093.11	1076.33
12	Meinier	684.95.53.70	685.04	674.16
13	Plainpalais	370.93.50.—	368.59	170.22
14	Presinge	463.05.98.—	460.96	451.02
15	Puplinge	256.99.74.70	256.70	253.11
16	Thônex	368.69.18.27	364.66	355.84
17	Vandœuvres	428.02.94.10	427.76	400.71
		6801.29.63.25	6785.31	6248.38

ARVE & RHONE

		Surface imposable à la confection du cadastre	Surface imposée en 1878	Surface contribuant à la production agricole
		H A M D	H A	H A
1	Aire-la-Ville	259.21.74.40	257.82	254.98
2	Avully	427.22.46.70	423.66	418.80
3	Avusy	497.46.97.50	497.44	487.94
4	Bardonnex	491.79.35.23	490.96	478.96
5	Bernex	1233.93.77.50	1232.76	1217.68
6	Carouge	253.55.90.60	255.70	208.70
7	Cartigny	398.42.94.50	397.61	388.11
8	Chancy	488.36.21.50	487.44	481.—
9	Confignon	272.35.62.20	270.05	264.89
10	Laconnex	375.42.10.70	375.12	371.—
11	Lancy	484.26.28.60	483.21	445.14
12	Onex	257.60.03.80	257.49	252.24
13	Perly-Certoux	243.15.27.20	242.17	239.27
14	Plan-les-Ouates	570.79.81.20	568.48	558.—
15	Soral	276.43.89.—	275.79	273.21
16	Troinex	330.90.98.90	329.93	319.38
17	Veyrier	619.12.88.90	618.15	607.86
		7480.06.28.43	7463.78	7266.16

RÉCAPITULATION

Rhône et Lac	9,016.90.93.—	8,987.73	8,414.16
Arve et Lac	6,801.29.63.25	6,785.31	6,248.38
Arve et Rhône	7,480.06.28.43	7,463.78	7,266.16
	23,298.26.84.68	23,236.82	21,928.70

Nombre des parcelles cadastrales, leur étendue moyenne et leur répartition par tête de propriétaire dans chaque commune, en Mars 1881

TABLEAU n° 2.

		Surface imposée en 1878	Nombre des parcelles primitives	Nombre des parcelles en Mars 1881	Nombre des propriétaires inscrits en Mars 1881	Parcelles par propriétaire	Rang de la Commune	Surface moyenne par propriétaire	Rang de la Commune	Étendue moyenne d'une parcelle	Rang de la Commune
	Rhône et Lac	H. A.						H. A. M.		H. A. M.	
1	Bellevue	413 36	(avec Collex) 1,320	315	164	1.92	*38*	2 52 05	*9*	1 31 23	*4*
2	Céligny	451 63	625	533	159	3.35	*10*	2 84 04	*4*	— 84 73	*7*
3	Collex-Bossy	682 75	(avec Bellevue) 1,320	1,079	307	3.51	*9*	2 22 39	*11*	— 63 28	*18*
4	Dardagny	812 38	1,325	1,374	359	3.83	*8*	2 26 29	*10*	— 59 13	*20*
5	Genthod	280 92	150	150	64	2.34	*33*	4 38 94	*1*	1 87 28	*1*
6	Meyrin	990 24	971	1,174	354	3.32	*11*	2 79 73	*6*	— 84 35	*8*
7	Pregny	325 39	438	401	169	2.37	*31*	1 92 54	*17*	— 81 14	*11*
8	Russin	439 21	820	837	156	5.37	*3*	2 81 54	*5*	— 52 47	*22*
9	Saconnex-Grand	388 28	533	493	189	2.61	*26*	2 05 44	*14*	— 78 75	*12*
10	Saconnex-Petit	581 29	269	588	432	1.36	*43*	1 34 56	*25*	— 98 85	*6*
11	Saconnex-Ville	89 09	217	621	541	1.15	*48*	— 16 47	*48*	— 14 35	*47*
12	Satigny	1,828 67	2,110	2,356	528	4.46	*5*	3 46 34	*2*	— 77 62	*13*
13	Vernier	700 03	923	1,016	343	2.96	*17*	2 04 09	*15*	— 68 90	*16*
14	Versoix	1,004 49	1,178	1,235	473	2.61	*25*	2 12 37	*13*	— 81 34	*10*
	Totaux et moyennes de l'arrondissement.	8,987 73	10,879	12,172	4,238	2.87		2 12 07		— 73 84	
	Arve et Lac										
1	Anières	370 07	(avec Corsier) 2,624	1,578	506	3.12	*15*	— 73 15	*41*	— 23 45	*45*
2	Chêne-Bougeries	393 29	235	273	229	1.19	*46*	1 71 74	*18*	1 44 06	*3*
3	Chêne-Bourg	123 56	(avec Thônex) 734	275	201	1.37	*42*	— 61 47	*42*	— 44 93	*26*
4	Choulex	372 86	886	889	333	2.67	*24*	1 11 97	*31*	— 41 94	*28*
5	Collonge-Bellerive	583 54	1,417	1,750	539	3.25	*14*	1 08 26	*33*	— 33 35	*41*
6	Cologny	338 56	204	230	158	1.46	*41*	2 14 28	*12*	1 47 20	*2*
7	Corsier	264 49	(avec Anières) 2,624	752	249	3.01	*16*	1 06 22	*34*	— 35 17	*38*
8	Eaux-Vives	229 37	179	574	479	1.20	*45*	— 47 82	*46*	— 39 96	*31*
9	Gy	319 69	575	612	227	2.70	*23*	1 40 83	*23*	— 52 24	*23*
10	Hermance	133 06	640	696	267	2.61	*28*	— 49 84	*45*	— 19 12	*46*
11	Jussy	1,093 11	2,586	2,914	399	3.30	*12*	2 73 71	*7*	— 37 51	*33*
12	Meinier	685 04	1,227	1,381	480	2.88	*18*	1 42 72	*22*	— 49 60	*25*
13	Plainpalais	368 59	351	858	714	1.20	*44*	— 51 62	*44*	— 42 96	*27*
14	Presinge	460 96	794	828	338	2.45	*30*	1 33 12	*26*	— 55 67	*21*
15	Puplinge	256 70	538	628	244	2.57	*29*	1 05 20	*35*	— 40 88	*30*
16	Thônex	364 66	(avec Chêne-Bourg) 734	537	333	1.61	*40*	1 03 30	*36*	— 67 94	*17*
17	Vandœuvres	427 76	402	376	169	2.22	*36*	2 53 11	*8*	1 13 77	*5*
	Totaux et moyennes de l'arrondissement.	6,785 31	13,392	15,151	5,865	2.58		1 15 69		— 44 78	
	Arve et Rhône										
1	Aire-la-Ville	257 82	1,812	1,948	194	10.04	*1*	1 33 —	*27*	— 13 23	*48*
2	Avully	423 66	778	821	148	5.55	*2*	2 86 25	*3*	— 51 29	*24*
3	Avusy	497 44	1,219	1,343	407	3.30	*13*	1 22 22	*29*	— 37 04	*34*
4	Bardonnex	490 96	1,249	1,344	482	2.79	*19*	1 01 86	*37*	— 36 53	*37*
5	Bernex	1,232 76	4,212	4,616	1,135	4.07	*7*	1 08 61	*32*	— 26 71	*44*
6	Carouge	255 70	568	692	584	1.19	*47*	— 43 73	*47*	— 36 95	*35*
7	Cartigny	397 61	858	1,081	232	4.66	*4*	1 71 38	*19*	— 36 78	*36*
8	Chancy	487 44	1,129	1,234	303	4.07	*6*	1 60 87	*20*	— 39 50	*32*
9	Confignon	270 05	812	972	443	2.19	*37*	— 60 96	*43*	— 27 28	*43*
10	Laconnex	375 12	799	909	332	2.74	*21*	1 12 90	*30*	— 41 27	*29*
11	Lancy	483 21	626	624	368	1.70	*39*	1 31 31	*28*	— 77 44	*14*
12	Onex	257 49	405	413	178	2.32	*34*	1 39 04	*24*	— 62 35	*19*
13	Perly-Certoux	242 17	601	712	273	2.61	*27*	— 88 71	*39*	— 34 01	*40*
14	Plan-les-Ouates	568 48	1,623	1,661	600	2.77	*20*	— 94 74	*38*	— 34 23	*39*
15	Soral	275 79	958	942	347	2.71	*22*	— 79 48	*40*	— 29 28	*42*
16	Troinex	329 93	470	478	212	2.25	*35*	1 55 63	*21*	— 69 02	*15*
17	Veyrier	618 15	649	737	312	2.36	*32*	1 98 12	*16*	— 83 87	*9*
	Totaux et moyennes de l'arrondissement.	7,463 78	18,768	20,527	6,550	3.13		1 13 95		— 36 36	
	RÉCAPITULATION										
	Rhône et Lac	8,987 73	10,879	12,172	4,238						
	Arve et Lac	6,785 31	13,392	15,151	5,865						
	Arve et Rhône	7,463 78	18,768	20,527	6,550						
	Totaux et moyennes pour le Canton	23,236 82	43,039	47,850	16,653	2.87		1 39 54		— 48 56	

Statistique cadastrale de 1832

		NOMBRE des parcelles cadastrales	NOMBRE des cotes	Moyenne de l'étendue de chaque propriété	RANG DES COMMUNES SUIVANT la population	RANG DES COMMUNES SUIVANT la superficie	RANG DES COMMUNES SUIVANT l'importance de la contribution foncière	RANG DES COMMUNES SUIVANT l'étendue des propriétés
	Rhône et Lac			Poses				
1	Céligny	1,202	108	15.55	31	20	22	8
2	Collex-Bossy	1,357	241	16.67	15	5	7	5
3	Dardagny	1,682	216	12.97	23	9	17	14
4	Genthod	422	49	20.67	33	33	30	2
5	Meyrin	1,342	219	16.68	13	8	9	4
6	Pregny	624	122	9.74	29	31	25	25
7	Russin	1,116	78	19.88	34	21	34	3
8	Saconnex-Grand	747	127	11.29	25	24	27	19
9	Saconnex-Petit	1,399	164	15.31	5	12	1	9
10	Satigny	3,312	300	21.75	11	1	2	1
11	Vernier	1,101	184	13.54	14	13	15	13
12	Versoix	1,439	222	16.62	9	7	10	6
	Totaux et moyenne de l'arrondissement	15,743	2,030	15.89				
	Arve et Lac							
1	Chêne-Bougeries	820	125	11.63	12	23	16	16
2	Chêne-Thônex	1,583	344	5.45	4	30	18	34
3	Choulex	1,715	254	5.41	27	26	28	35
4	Collonge-Bellerive	1,563	212	10.25	21	17	24	23
5	Cologny	574	90	13.68	20	28	11	12
6	Corsier	2,908	383	6.10	19	14	19	33
7	Eaux-Vives	687	94	9.06	7	32	13	27
8	Hermance	974	162	3.04	24	37	36	36
9	Jussy	4,353	364	14.29	10	3	6	10
10	Meinier	2,188	249	10.30	22	11	23	22
11	Plainpalais	861	181	7.11	2	27	4	31
12	Presinge	1,160	304	8.55	18	10	20	29
13	Vandœuvres	754	114	13.93	17	15	14	11
	Totaux et moyenne de l'arrondissement	20,140	2,876	9.14				
	Arve et Rhône							
1	Aire-la-Ville	2,040	80	11.41	37	35	37	17
2	Avully	1,181	97	15.67	32	22	31	7
3	Avusy-Laconnex-Soral	3,278	478	8.85	8	4	8	28
4	Bernex-Onex-Confignon	5,002	590	10.91	3	2	3	20
5	Carouge	1,556	362	2.52	1	34	12	37
6	Cartigny	1,164	133	10.50	26	25	29	21
7	Chancy	1,764	154	11.23	30	19	32	19
8	Compesières	3,087	533	7.32	6	6	5	30
9	Lancy	936	173	10.24	16	18	21	24
10	Perly-Certoux	777	128	7.—	36	36	35	32
11	Troinex	1,165	131	9.38	35	29	33	26
12	Veyrier	972	183	12.23	28	16	26	15
	Totaux et moyenne de l'arrondissement	22,922	3,042	9.77				

RÉCAPITULATION

Rhône et Lac	15,743	2,030	
Arve et Lac	20,140	2,876	
Arve et Rhône	22,922	3,042	poses
Totaux et moyenne du Canton	58,805	7,948	$10.{}^{3}/_{4}$

Les 7948 cotes correspondent à un nombre de propriétaires réels d'environ 6630, et la moyenne de l'étendue possédée par un propriétaire est de 12 poses $^{70}/_{100}$.

TABLEAU n° 3.

Distribution des diverses **formations géologiques** selon la carte de M. le professeur A. Favre.

RHONE & LAC

		M Molasse	G Gravier, sable et conglomérat	Gl Argile glaciaire	Ai, As, A. Alluvions	S Sable et sablon	Al Alluvion moderne	T Marais, tourbe	TOTAL
		H	H	H	H	H	H	H	H
1	Bellevue.			321	65	28			414
2	Céligny	2		331	74	22	23		452
3	Collex-Bossy	120		542	3	16	2		683
4	Dardagny.	6	10	667	60		74		817
5	Genthod.			157	103	6	14		280
9	Meyrin.		1	955		21		17	994
7	Pregny	65		238	20	3			326
8	Russin.	2	3	200	150		90		445
9	Saconnex (Grand).		2	388		1			391
10	Saconnex (Petit). .	45	11	477	44		8		585
11	Saconnex (Ville). .			63	8		20		91
12	Satigny	229	7	1465	103	8	22		1834
13	Vernier	7	20	604	62	1	10		704
14	Versoix	3		630	240	60	70		1003
		479	54	7035	932	166	333	17	9016

ARVE & LAC

		M Molasse	G Gravier, sable et conglomérat	Gl Argile glaciaire	Ai, As, A. Alluvions	S Sable et sablon	Al Alluvion moderne	T Marais, tourbe	TOTAL
		H	H	H	H	H	H	H	H
1	Anières			272	31	47	20	1	371
2	Chêne-Bougeries .		4	266	109		15		394
3	Chêne-Bourg. . . .			47	57		18		122
4	Choulex.	7	3	264			86	13	373
5	Collonge-Bellerive		14	458	69	17	26		584
6	Cologny.	18	6	287	26		2		339
7	Corsier			217		38	9	1	265
8	Eaux-Vives			109	102		21		232
9	Gy.			321					321
10	Hermance			111	14		9		134
11	Jussy.			1095					1095
12	Meinier		33	555			25	72	685
13	Plainpalais.		12	122	38		199		371
14	Presinge	1		453			9		463
15	Puplinge			56			201		257
16	Thônex			143	163		63		369
17	Vandœuvres.	5		406			17		428
		31	72	5182	609	102	720	87	6803

ARVE & RHONE

		M Molasse	G Gravier, sable et conglomérat	Gl Argile glaciaire	Ai, As, A. Alluvions	S Sable et sablon	Al Alluvion moderne	T Marais, tourbe	TOTAL
		H	H	H	H	H	H	H	H
1	Aire-la-Ville.		8	114	124		13		259
2	Avully	5	5	82	326		9		427
3	Avusy			202	282		14		498
4	Bardonnex		1	438			53		492
5	Bernex.	38	16	975	63	121	15	6	1234
6	Carouge.		2	65	32	7	148		254
7	Cartigny		16	109	253		20		398
8	Chancy		12	290	160		26		488
9	Confignon			164		85	23		272
10	Laconnex.	3	4	173	195				375
11	Lancy		6	285	91	27	75		484
12	Onex.		4	224		20	10		258
13	Perly-Certoux . . .			125		107	11		243
14	Plan-les-Ouates . .		7	462	18	84			571
15	Soral.	2	4	86	124	60			276
16	Troinex.			223		30	37	41	331
17	Veirier.		11	439	53	80	19	17	619
		48	96	4456	1721	621	473	64	7479

RÉCAPITULATION

Rhône et Lac	479	54	7,035	932	166	333	17	9,016
Arve et Lac	31	72	5,182	609	102	720	87	6,803
Arve et Rhône . . .	48	96	4,456	1721	621	473	64	7,479
	558	222	16,673	3262	889	1526	168	23,298

Prix moyens par hectare des terrains de qualité supérieure, moyenne ou inférieure affectés aux diverses cultures.

Prix moyen par hectare du **fermage** des terrains de qualité

TABLEAU n° 4.

		JARDINS			VIGNES			PRAIRIES NATURELLES			CHAMPS			BOIS			Fermage		
		sup.	moy.	inf.	sup.	moy.	inf.	sup.	moy.	inf.	sup.	moy.	inf.	sup.	moy.	inf.	supérieure	moyenne	inférieure
	A. Rhône et Lac	Fr.	Fr.	Fr.	Fr.	Fr.	Fr.	Fr.	Fr.	Fr.	Fr.	Fr.	Fr.	Fr.	Fr.	Fr.	Fr.	Fr.	Fr.
1	Bellevue	14,000	8,000	5,000	18,500	13,000	7400	5,500	3,700	1800	4,400	3000	1800	1700	1100	700	130	90	55
2	Céligny	8,000	6,000	4,000	16,600	11,100	7400	5,200	3,700	2900	3,000	2200	1500	1800	1500	700	110	75	55
3	Collex-Bossy	7,400	5,900	4,400	14,800	10,000	5900	7,400	3,700	2400	4,100	2800	1700	1500	1100	900	130	90	55
4	Dardagny	8,000	7,000	5,000	14,800	9,200	5500	3,700	2,600	1800	3,000	2200	1500	1400	700	400	145	130	75
5	Genthod	14,000	8,000	5,000	18,500	13,000	7400	5,500	3,700	1800	4,400	3000	1800	1700	1100	700	130	90	55
6	Meyrin	7,400	4,400	3,700	11,100	7,400	3700	4,400	3,000	1800	3,700	2600	1500	1500	900	500	130	90	55
7	Pregny	15,000	10,000	5,000	20,000	15,000	8000	13,000	8,000	6500	12,500	7500	3000	3000	1500	1000	150	100	60
8	Russin	7,400	5,500	3,700	10,000	7,500	5000	4,400	2,800	1100	3,700	2500	1100	1100	700	400	110	90	55
9	Saconnex (Grand)	7,400	6,500	5,500	11,100	8,300	5500	3,700	2,800	1800	4,400	3000	1500	1700	1100	700	150	110	75
10	Saconnex (Petit)																220	185	150
11	Satigny	8,000	7,000	3,700	18,500	9,200	3700	3,700	2,200	1100	3,700	2200	1100	1100	700	400	130	90	75
12	Vernier	5,500	4,400	3,700	9,250	7,400	5500	3,700	3,000	2200	3,000	2200	1500	1500	1100	700	150	130	75
13	Versoix	16,000	12,000	8,000	13,000	9,200	5500	4,400	3,000	2200	5,500	3000	1500	1500	1100	700	110	90	65
	Moyennes de l'arrondissement	**9,842**	**7,058**	**4,725**	**14,675**	**10,025**	**5875**	**5,383**	**3,517**	**2283**	**4,617**	**3047**	**1625**	**1600**	**1050**	**650**	**138**	**113**	**68**
	B. Arve et Lac																		
1	Anières	14,000	7,400	3,700	10,000	7,000	3700	7,400	4,400	1800	5,500	3000	700				130	90	40
2	Chêne-Bougeries	20,000	15,000	10,000	18,000	13,000	8000	18,000	9,000	5000	12,000	8000	4000				200	145	90
3	Chêne-Bourg	18,500	11,100	4,400	18,500	13,800	9200	9,200	6,500	3700	9,200	6500	3700				185	130	90
4	Choulex	10,000	7,400	3,700	18,500	11,100	7400	7,400	3,700	2200	4,400	3000	1800				165	110	40
5	Collonge-Bellerive	10,000	7,400	3,700	13,000	7,400	5500	7,400	4,400	3000	4,400	3700	1800				140	110	75
6	Cologny	22,200	18,500	14,800	37,000	22,200	7400	14,800	9,000	4000	14,800	9000	3300				150	110	90
7	Corsier	18,000	10,000	5,000	14,800	11,100	7400	7,400	5,900	3000	3,700	2800	1800				130	90	55
8	Eaux-Vives																260	185	
9	Gy	6,000	5,000	3,700	7,400	5,200	3000	4,400	3,700	3000	3,000	2000	1100	1500	800	300	110	85	60
10	Hermance	18,500	11,100	4,400	14,800	11,100	3700	14,800	11,100	3700	5,500	3700	1500				110	75	40
11	Jussy	18,500	12,900	4,400	16,000	7,400	3000	7,400	3,700	800	4,400	3000	1100	1500	900	400	90	75	55
12	Meinier	7,400	5,000	3,700	11,100	7,400	5500	3,700	2,800	1700	3,000	2200	1100				105	90	70
13	Plainpalais																220	185	110
14	Presinges	6,000	4,400	3,000	13,000	9,200	5500	7,400	3,700	2500	4,400	3000	1500	1500	1100	500	120	90	60
15	Puplinge	6,600	6,000	5,500	14,800	11,100	7000	3,700	2,600	1600	5,000	3300	1800				100	70	50
16	Thônex	11,800	7,400	4,400	12,100	7,400	5500	7,400	4,400	3000	5,000	3000	2500				110	90	60
17	Vandœuvres	18,500	11,100	4,400	18,500	9,200	5900	7,400	3,700	2200	4,400	3000	1800				150	90	70
	Moyennes de l'arrondissement	**13,733**	**9,313**	**5,253**	**15,807**	**10,240**	**5847**	**8,520**	**5,213**	**2747**	**5,913**	**3947**	**1967**	**1500**	**933**	**400**	**146**	**107**	**66**
	C. Arve et Rhône																		
1	Aire-la-Ville	4,400	3,700	3,000	6,400	4,400	2500	5,000	4,100	3000	3,500	2200	1400	1000	700	300	90	60	45
2	Avully	7,400	5,500	4,400	5,500	3,700	2800	7,400	3,700	1800	3,000	2200	1500	1100	700	300	75	60	45
3	Avusy	4,400	3,000	2,000	6,700	4,000	1800	3,700	2,200	1800	3,000	1800	700	1100	700	300	75	55	45
4	Bardonnex	7,400	5,500	4,400	11,100	9,200	7400	5,200	3,700	1800	3,700	3000	2000				185	130	75
5	Bernex	8,000	6,000	4,000	11,100	5,500	3700	7,400	3,700	1100	3,700	2800	400	900	600	300	150	90	75
6	Carouge	40,000	30,000	18,000				18,000	12,000	6000	12,000	7000	3500				200	165	90
7	Cartigny	7,400	6,000	4,400	7,400	4,400	3700	7,400	4,400	2200	3,000	2200	1500	1000	700	300	110	90	65
8	Chancy	7,400	6,000	4,400	5,500	4,400	3700	4,400	3,000	1800	4,400	3000	2200	1100	700	400	90	80	75
9	Confignon	8,000	5,500	4,000	12,000	9,200	4000	8,000	4,400	2000	4,500	2200	1500				90	75	50
10	Laconnex	4,400	3,700	3,000	6,400	4,000	1800	3,300	2,600	1800	3,000	1800	400	1400	700	400	90	55	20
11	Lancy	8,000	7,000	6,000	12,000	9,000	6000	6,500	4,500	2500	6,000	4000	2000	1100	700	400	150	110	75
12	Onex	7,400	4,400	3,000	10,000	7,400	6000	6,500	3,000	1800	3,600	1800	1000	1100	700	400	110	75	55
13	Perly-Certoux	7,400	6,300	5,500	9,200	6,300	5500	3,700	3,300	2600	4,400	3300	1800				165	130	75
14	Plan-les-Ouates	10,000	7,400	5,000	11,100	9,200	5500	5,500	4,400	2500	4,400	2200	1800	3000	1500	750	175	120	85
15	Soral	9,200	7,500	5,500	9,200	6,500	3700	7,400	4,400	2200	5,500	3000	1800				110	90	75
16	Troinex	7,500	6,000	3,000	10,000	8,500	6000	5,000	4,000	2500	5,000	4000	2500				165	110	90
17	Veirier	6,700	5,500	4,400	18,500	11,100	7400	5,500	3,700	2200	4,400	3000	1800	1500	1100	700	150	110	75
	Moyennes de l'arrondissement	**9,118**	**7,000**	**4,941**	**9,506**	**6,675**	**4344**	**6,465**	**4,418**	**2329**	**4,529**	**2912**	**1635**	**1300**	**800**	**409**	**125**	**94**	**60**

État des **vignes** dans le Canton de Genève d'après le recensement de 1880 pour la taxe du phylloxera.

TABLEAU n° 5.

RHONE & LAC

		1re classe	2me classe	3me classe	Total
		H A	H A	H A	H A
1	Bellevue	6.77	15.96	— —	22.73
2	Céligny	10.58	13.26	—.74	24.58
3	Collex-Bossy	15.71	20.32	— —	36.03
4	Dardagny	38.86	22.75	— —	81.61
5	Genthod	—.13	16.52	3.84	20.49
6	Meyrin	23.47	3.93	— —	27.40
7	Pregny	2.04	2.97	22.70	27.71
8	Russin	13.25	28.68	1.55	43.48
9	Saconnex (Grand)	5.04	26.60	— —	31.64
10	Saconnex (Petit)	3.—	16.43	1.60	21.03
11	Satigny	61.78	92.69	60.58	215.05
12	Vernier	46.72	12.65	3.—	62.37
13	Versoix	4.25	21.26	2.59	28.10
		251.60	294.02	96.60	642.22

ARVE & LAC

		1re classe	2me classe	3me classe	Total
		H A	H A	H A	H A
1	Anières	29.95	55.28	— —	85.23
2	Chêne-Bougeries	1.67	12.46	2.29	16.42
3	Chêne-Bourg	—.40	9.51	2.07	11.98
4	Choulex	8.76	28.78	2.18	39.72
5	Collonge-Bellerive	38.35	45.90	4.31	88.56
6	Cologny	—.65	15:76	50.50	66.91
7	Corsier	14.41	20.42	— —	34.83
8	Eaux-Vives	— —	1.16	0.07	1.23
9	Gy	27.79	2.01	— —	29.80
10	Hermance	9.05	19.40	— —	28.45
11	Jussy	37.36	51.86	2.11	91.33
12	Meinier	57.86	20.81	—.69	79.36
13	Plainpalais	— —	5.22	— —	5.22
14	Presinge	17.66	21.67	—.69	40.02
15	Puplinge	7.48	5.63	— —	13.11
16	Thônex	—.34	12.10	1.77	14.21
17	Vandœuvres	1.29	15.88	20.15	37.32
		253.02	343.85	86.83	683.70

ARVE & RHONE

		1re classe	2me classe	3me classe	Total
		H A	H A	H A	H A
1	Aire-la-Ville	6.24	3.47	—.57	10.28
2	Avully	35.78	—.67	— —	36.45
3	Avusy	5.43	28.26	—.99	34.68
4	Bardonnex	25.37	31.30	— —	56.67
5	Bernex	82.87	48.25	1.87	132.99
6	Carouge	—.10	6.73	—.07	6.90
7	Cartigny	3.75	4.72	2.40	10.87
8	Chancy	26.89	— —	— —	26.89
9	Confignon	21.32	20.17	—.40	41.89
10	Laconnex	28.92	1.30	— —	30.22
11	Lancy	20.54	22.97	1.63	45.14
12	Onex	5.98	19.71	—.55	26.24
13	Perly-Certoux	17.32	4.95	— —	22.27
14	Plan-les-Ouates	19.86	29.52	—.44	49.82
15	Soral	12.96	— —	— —	12.96
16	Troinex	11.93	15.95	— —	27.88
17	Veirier	14.96	14.49	1.91	31.36
		340.22	252.46	10.83	603.51

RÉCAPITULATION

Rhône et Lac	251.60	294.02	96.60	642.22
Arve et Lac	253.02	343.85	86.83	683.70
Arve et Rhône	340.22	252.46	10.83	603.51
	844.84	890.33	194.26	1929.43

Valeur des terrains d'après les **déclarations de succession** de 1850 à 1881.

TABLEAU n° 6.

	Superficie soumise au droit		Total des valeurs déclarées	Valeur moyenne		Valeurs moyennes quinquennales		Moyenne générale	
	Poses	Hectares		par pose	par hectare	par pose	par hectare	par pose	par hectare
	Poses Toises	H A	Fr. Cent.	Fr. Cent.	Fr Cent	Fr. Cent.	Fr. Cent.	Fr. Cent.	Fr. Cent.
1850	1,777.266	480.15	1,784,216.49	1004.—	3715.95				
1851	5,175. —	1,397.77	3,414,818.58	670.—	2443.04				
1852	1,672.106	451.68	1,203,844.99	720.—	2665.26	781.08	2891.84		
1853	1,902.273	513.94	1,498,533.90	787.59	2945.94				
1854	2,995.310	809.16	2,661,512.59	888.65	3289.23				
1855	1,948.184	526.28	1,546,682.60	793.80	2938.89				
1856	1,772.265	478.80	1,425,279.38	804.03	2976.56				
1857	2,334.64	630.46	2,308,114.56	988.84	3661.—	937.44	3470.61		
1858	1,568.217	423.66	1,964,867.—	1252.67	4637.87				
1859	2,799.124	756.09	2,525,830.14	902.31	3340.64				
1860	1,462.138	394.98	1,445,248.65	960.—	3583.09				
1861	1,640.14	435.80	1,728,792.—	1054.15	3966.93				
1862	1,987.85	536.75	2,179,619.—	1108.—	4060.77	1036.20	3836.38		
1863	2,386.222	644.61	2,608,029.—	1092.—	4045.90				
1864	3,224.367	870.24	3,126,229.—	970.—	3592.38				
1865	3,181.31	859.21	4,203,876.—	1324.—	4892.72				
1866	2,078.19	561.28	2,055,652.—	989.—	3662.43				
1867	1,584.136	427.93	1,689,551.—	1066.—	3948.19	1079.76	3997.64		
1868	1,690.234	456.63	1,991,914.—	1178.23	4362.20				
1869	3,218.136	869.27	2,748,780.—	852.—	3462.17				
1870	1,737.372	469.41	1,674,298.—	963.—	3566.81				
1871	3,036.151	820.13	2,456,352.—	809.—	2995.07				
1872	1,879.329	507.74	2,269,155.—	1206.—	4469.12	1045.97	3872.52		
1873	2,389.26	645.29	2,964,151.—	1240.—	4593.51				
1874	2,696.231	728.35	2,945,484.—	1081.—	4002.86				
1875	3,670.382	994.52	4,158,833.—	1133.—	4193.39				
1876	2,572.386	694.03	4,845,801.—	1883.55	6982.12				
1877	4,225.233	1,144.33	3,770,354.—	892.32	3304.—	1035.04	3834.97		
1878	3,866.345	1,044.44	3,033,311.—	784.44	2905.—				
1879	2,948.392	796.52	2,078,759.—	704.91	2611.—				
1880	2,882.47	778.46	2,062,808.—	715.72	2651.—	771.22	2855.32		
1881	2,267.78	612.37	1,908,458.—	841.77	3118.—				
	80,541.157	21,754.25	78,219,151.88					971.16	3595.58

Récapitulation par périodes quinquennales des superficies et des valeurs déclarées.

	Poses Toises	Hectares Ares	Francs Cent.
1850—1854	13,523.155	3,652.67	10,562,926.55
1855—1859	10,423.48	2,815.29	9,770,773.68
1860—1864	10,668.26	2,882.38	11,057,917.65
1865—1869	11,752.156	3,174.32	12,689,773.—
1870—1874	11,739.309	3,170.92	12,279,440.—
1875—1879	17,285.138	4,667.84	17,887,055.—
1880—1881	5,149.125	1,390.83	3,971,266.—
1850—1881	80,541.157	21,754.25	78,219,151.88

TABLEAU n° 7.

Taxe foncière non bâtie et centimes additionnels cantonaux et communaux pour 1882.

RHONE & LAC

		Taxe foncière	Centimes additionnels cantonaux	Centimes additionnels communaux		Total
				cent. p^r franc	Produit	
		Fr. Cent.	Fr. Cent.		Fr. Cent.	Fr. Cent.
1	Bellevue	1,348.20	619.30	71	1,099.20	3,266.70
2	Céligny	1,460.95	584.40	34	496.70	2,542.05
3	Collex-Bossy	1,401.65	560.65	115	1,611.90	3,574.20
4	Dardagny	1,757.20	702.90	70	1,230.05	3,690.15
5	Genthod	1,701.30	680.50	33	561.45	2,943.25
6	Meyrin	2,302.80	921.10	102	2,348.85	5,772.75
7	Pregny	3,626.55	1,450.60	43	1,559.40	6,636.55
8	Russin	1,037.50	415.—	38	394.25	1,846.75
9	Saconnex (G^d)	1,992.25	796.90	74	1,474.25	4,263.40
10	Saconnex (P^t)	10,202.95	4,081.20	75	7,652.20	21,936.35
11	Saconnex (Vil^e)	3,577.85	1,431.15	Taxe municipale		
12	Satigny	5,217.20	2,086.90	98	5,112.85	12,416.95
13	Vernier	2,315.65	926.25	97	2,246.20	5,488.10
14	Versoix	2,732.80	1,093.10	114	3,115.40	6,941.30
		40,874.85	16,349.95		28,902.70	81,118.50

ARVE & LAC

		Taxe foncière	Centimes additionnels cantonaux	Centimes additionnels communaux		Total
				cent. p^r franc	Produit	
		Fr. Cent.	Fr. Cent.		Fr. Cent.	Fr. Cent.
1	Anières	1,220.10	488.05	150	1,830.15	3,538.30
2	Chêne-Boug^s	3,357.80	1,343.10	45	1,511.—	6,211.90
3	Chêne-Bourg	888.95	355.60	195	1,733.45	2,978.—
4	Choulex	1,358.85	543.55	129	1,752.90	3,655.30
5	Collonge-Bell.	2,075.95	830.40	94	1,951.40	4,857.75
6	Cologny	3,726.20	1,490.50	22	819.75	6,036.45
7	Corsier	775.50	310.20	156	1,209.80	2,295.50
8	Eaux-Vives	7,066.45	2,826.60	71	5,017.20	14,910.25
9	Gy	691.25	276.50	100	691.25	1,659.—
10	Hermance	475.80	190.30	107	509.10	1,175.20
11	Jussy	2,805.15	1,122.05	112	3,141.75	7,068.95
12	Meinier	1,859.10	743.65	188	3,495.10	6,097.85
13	Plainpalais	8,899.35	3,559.75	86	7,653.45	20,112.55
14	Presinge	1,143.30	457.30	58	603.10	2,203.70
15	Puplinge	869.65	347.85	165	1,434.90	2,632.40
16	Thônex	1,621.75	648.70	138	2,238.—	4,508.45
17	Vandœuvres	2,128.25	851.30	112	2,383.65	5,363.20
		40,963.40	16,385.40		37,975.95	95,324.75

ARVE & RHONE

		Taxe foncière	Centimes additionnels cantonaux	Centimes additionnels communaux		Total
				cent. p^r franc	Produit	
		Fr. Cent.	Fr. Cent.		Fr Cent.	Fr. Cent.
1	Aire-la-Ville	478.60	191.45	200	957.20	1,627.25
2	Avully	1,010.50	404.20	170	1,717.85	3,132.55
3	Avusy	1,208.55	483.40	178	2,151.20	3,843.15
4	Bardonnex	1,758.80	703.50	110	1,934.70	4,397.—
5	Bernex	3,069.30	1,227.70	185	5,677.90	9,974.90
6	Carouge	2,065.30	826.10	Taxe municipale		
7	Cartigny	948.85	379.55	84	797.05	2,125.45
8	Chancy	956.90	386.75	74	715.50	2,069.15
9	Confignon	906.60	362.65	108	979.15	2,248.40
10	Laconnex	912.85	365.15	161	1,469.70	2,747.70
11	Lancy	1,943.90	777.55	21	408.20	3,129.65
12	Onex	773.05	309.20	116	896.75	1,979.—
13	Perly-Certoux	627.15	250.85	220	1,379.75	2,257.75
14	Plan-les-Ouat.	1,820.95	728.40	45	819.45	3,368.80
15	Soral	695.70	278.30	144	1,001.80	1,975.80
16	Troinex	1,079.45	431.80	142	1,532.80	3,044.05
17	Veirier	1,629.95	652.—	102	1,662.55	3,944.50
		21,896.40	8,758.55		24,401.55	51,865.10

RÉCAPITULATION.

Rhône et Lac	40,874.85	16,349.95	28,902.70	81,118.50
Arve et Lac	40,963.40	16,385.40	37,975.95	95,324.75
Arve et Rhône	21,896.40	8,758.55	24,401.55	51,865.10
	103,734.65	41,493.90	90,980.20	228,308.35

Résultat de l'imposition foncière sur les propriétés non bâties d'après la **répartition d'août 1817.**

TABLEAU n° 8.

		Champs et hutins	Superficies et terrains d'agrément	Prés	Vignes	Bois	Marais	Pâtures et broussailles	Jardins et chenevières	Vergers et terrains plantés
		H A M	H A M	H A M	H A M	H A M	H A M	H A M	H A M	H A M
1	Aire-la-Ville	124.56.03	1.58.90	14.41.54	3.30.67	15.46.58		85.18.47	2.16.74	—.—.—
2	Avully	306.57.67	4.84.50	34.06.15	17.22.40	14.36.01		27.83.77	2.78.56	3.56.10
3	Avusy	825.96.45	6.60.78	125.83.78	29.46.01	29.75.11		109.83.16	13.01.95	2.18.71
4	Bernex-Onex-Confignon	900.35.81	9.74.70	243.92.53	96.93.39	60.96.61		403.19.11	9.71.38	14.67.13
5	Carouge	162.14.14	15.69.63	32.75.50	8.92.65	2.33.20		1.66.56	14.38.76	9.03.34
6	Cartigny	258.39.51	8.03.13	49.84.13	12.33.06	20.18.10		21.85.81	4.78.64	1.82.80
7	Céligny	200.40.70	6.03.85	132.65.98	18.60.78	56.06.66		20.78.28	4.52.42	14.65.—
8	Chancy	313.36.31	3.06.29	24.18.27	13.55.80	71.47.31		36.13.19	4.11.73	1.56.30
9	Chêne-Bougeries	151.67.25	10.41.62	158.78.58	14.36.70	4.93.50		6.97.11	10.22.45	35.40.40
10	Chêne-Thônex	195.74.17	7.33.66	51.81.53	18.84.02	4.15.33		3.16.65	15.35.—	27.38.—
11	Choulex	203.47.11	3.05.75	64.43.38	35.92.33	—.—.—	14.08.40	23.33.80	5.—.22	22.57.70
12	Collex-Bossy	516.76.07	6.57.78	191.95.26	25.31.85	285.66.45		24.15.05	8.79.18	26.46.61
13	Collonge-Bellerive	362.67.20	6.06.28	113.00.85	45.44.71	14.52.09		33.01.42	6.48.40	6.12.68
14	Cologny	99.22.84	15.02.06	91.13.23	86.26.12	—.—.—		4.68.91	10.65.32	25.93.73
15	Compesières	721.33.80	10.54.29	158.64.24	50.28.11	15.27.28		53.39.25	15.25.52	29.73.72
16	Corsier	418.32.66	3.76.25	83.37.11	57.10.48	4.42.36		56.27.70	7.28.30	1.71.73
17	Dardagny	283.61.13	5.53.75	201.47.61	40.21.37	98.26.33		105.40.15	5.47.96	16.55.42
18	Eaux-Vives	68.54.40	16.36.36	87.88.73	7.72.90	1.66.—		—.65.48	25.09.09	22.19.80
19	Genthod	150.02.47	13.68.63	60.36.30	23.19.94	8.69.80		2.35.11	4.37.64	11.—.20
20	Hermance	89.93.17	1.83.60	11.67.85	19.05.82	—.16.63		7.21.91	3.03.99	—.37.30
21	Jussy	540.80.33	9.10.45	231.74.01	60.04.52	466.20.49		77.66.41	12.78.85	7.27.79
22	Lancy	303.84.47	3.72.52	68.80.91	28.76.—	4.36.30		60.51.08	3.99.09	5.02.70
23	Meinier	374.54.53	6.28.56	145.01.47	40.87.81	—.36.30	72.10.70	29.13.94	6.82.62	17.18.80
24	Meyrin	590.06.—	4.56.66	239.26.58	5.29.89	77.40.15	24.31.96	10.42.47	9.77.32	25.76.52
25	Perly-Certoux	165.54.88	1.56.89	54.92.41	4.61.02	—.—.—		10.88.36	1.71.61	2.99.80
26	Plainpalais	137.93.66	11.58.99	89.46.36	6.57.20	6.73.97		27.23.24	65.88.15	2.43.30
27	Pregny	164.09.17	5.24.03	76.50.61	24.53.80	30.79.42		—.75.90	5.35.71	14.—.92
28	Presinge	400.38.71	3.93.09	130.74.19	36.75.42	53.85.62		54.51.41	7.88.69	14.64.84
29	Russin	209.83.16	2.59.31	62.97.70	26.94.60	25.89.80		86.30.18	2.11.05	2.57.—
30	Saconnex-Grand	237.36.33	3.84.97	97.54.30	12.36.11	14.30.43		1.24.14	3.61.05	16.52.70
31	Saconnex-Petit	193.31.37	37.75.33	262.06.20	39.02.12	2.37.30		8.99.87	25.33.81	109.78.98
32	Satigny	662.13.46	15.09.97	435.19.81	108.46.04	227.23.88		247.56.11	11.29.92	55.87.95
33	Troinex	232.78.60	3.99.02	59.37.05	13.08.20	—.37.80		5.20.—	3.04.63	14.42.70
34	Vandœuvres	312.25.06	13.43.73	159.00.50	35.23.40	4.39.20		49.15.59	10.26.56	29.02.70
35	Veirier	368.41.46	5.41.22	68.68.05	15.41.40	82.08.—		53.16.52	4.33.48	7.44.90
36	Vernier	361.07.27	8.84.08	104.33.61	43.93.05	76.37.—		36.10.74	13.10.41	32.31.87
37	Versoix	388.24.88	4.59.16	150.08.13	13.10.82	398.97.38		27.10.30	6.96.67	8.15.43
		11,995.72.23	297.39.79	4367.94.44	1139.07.51	2180.08.39	110.51.06	1813.06.85	366.82.87	638.45.57

Contenance des cultures de l'ancien territoire et du nouveau en 1829.

	Champs et hutins	Prés	Vignes	Bois	Pâtures et broussailles	Marais	Vergers et terrains plantés	Jardins et chenevières	Superficies et terrains d'agrément	TOTAUX
	Poses Toises	Poses Toises	Poses Toises	Poses Toises	Poses Toises	Pos. Tois.	Poses Toises	Poses Toises	Poses Toises	Poses Toises
Ancien territoire	14,392.151	7,702.351	1886.348	3733.123	2918.246		1258.067	739.148	638.314	33,270.148
Nouveau territoire	30,013.309	8,466.299	2329.247	4337.038	4033.039	409.44	1105.066	618.247	462.024	51,775.140
	44,406.060	16,169.250	4216.195	8070.161	6951.285	409.44	2363.133	1357.395	1100.338	85,045.288

TABLEAU n° 9.

Répartition du sol entre les diverses cultures et autres destinations en 1882.

N°	Commune	Bois	Buissons et broussailles	Marais	Prairies naturelles	Champs	Vignes	Jardins et culture maraîchère	Lac et rivières	Bâtiments et cours	Chemins de fer, routes, chemins, places, cimetières, etc.	Carrières	Vergers	Surface occupée par les diverses sortes: Prairies artificielles	Blé	Avoine	Racines sarclées et jardins
		H. A.	H. A.	H. A.	H. A.	H. A.	H. A.	H. A.	H. A.	H. A.	H. A.	H. A.	H. A.	H. A.	H. A.	H. A.	H. A.
	Rhône et Lac.																
1	Bellevue	51.—		—.27	147.—	130.—	22.73	2.50	18.18	4.—	2.—	2.08	4.—	40.—	80.—	13.	27.—
2	Céligny	55.—			105.—	153.—	24.58	3.60	10.—	3.50	3.	3.95	15.—	31.	51.—	38	13.—
3	Collex-Bossy	200			103.	265	36.03	10.—	—.72	5.—	3.		15.—	75.—	130.—	30.—	30.—
4	Dardagny	71	60.		350.—	225.—	81.61	9.77		4.—	6.—	5.—	13.—	110.—	60.	20.—	35.
5	Genthod	12.—	2.50		120.—	98.	20.49	2.70	28.—	3.—	1.28	4.65	3.—	21.50	43.	7.	14.50
6	Meyrin	25.—		12.—	301.—	630.—	23.10	10.74	1.50	6.—	3.50	5.10	17.—	90.	270.—	90	180.—
7	Pregny	22.			123.41	85.—	27.71	10.—	15.	6.	2.	1.27	2.50	16.—	44.	15.—	10.
8	Russin	45.—	10.76		97.—	180.—	48.18	2.38	—.—	2.—	2.—	14.80	3.—	60.—	64.	23.—	34.
9	Saconnex-Grand	9.14			130.—	165.	31.65	8.—	9.—	4.50	1.—		11.	49	80.—	25.	40.
10	Saconnex-Petit				345.	72.—	21.03	7.18	100.—	16.50	4.—	15.28	21.50	12.	36.—	12.	12.—
11	Satigny	300.	65.		787.19	395.	215.65	14.—	15.	7.	18.—	12.13	33.—	70.—	213.	40.	63.—
12	Vernier	70.	4	1.50	178.—	356.—	62.37	6.—	3.93	6.—	4.96	7.65	4.—	89.	153.	71	53.
13	Versoix	325.	4.		145.—	470.	28.10	3.—	34.—	9.20	7.87	8.32	14.—	117.—	157.	79.—	117.
	Totaux de l'arrondissement	**1188.14**	**185.26**	**13.77**	**3053.90**	**3.242.—**	**640.92**	**90.17**	**264.65**	**76.70**	**58.64**	**84.52**	**180.—**	**779.50**	**1371.—**	**464.—**	**627.50**
	Arve et Lac.																
1	Anières	—.80	10.—		27.72	240.—	85.23	3.—	—.30	2.32	—.50		4.	96.	72.—	20.—	52.—
2	Chêne-Bougeries	5			283.50	28.48	16.42	12.63	35.18	7.29	4.		20.—	3.—	44.18	4.—	7.—
3	Chêne-Bourg				19.—	70.—	11.98	13.50	3.	3.08	1.—		3.—	19.—	30.	10.—	11.
4	Choulex	2.		15.	110.—	166.	39.72	10.—	20.—	3.86	2.28		15.—	50.—	36.—	26	28.
5	Collonge-Bellerive	13.50	12.—		150.—	290.—	89.56	6.50	5.50	4.22	4.26		6.—	58.—	110.—	76.—	40.—
6	Cologny				187.—	50.	66.94	8.—	16.—	8.15	2.50		25.	4.	23.—	7.—	16.—
7	Corsier	1.08		2.16	24.	194.	34.83	2.70	4.35	2.40	1.97		5.40	121.—	20.—	22.—	22.—
8	Eaux-Vives				100.—	2	1.23	10.—	90.	25.—	1.14		10.—	—.			2.—
9	Gy	91.—			17.—	117.—	29.89	1.50	—.—	1.40	1.90		2.16	33.—	67.—	11.	33.
10	Hermance				18.—	77.—	28.45	2.—	3.61	3.—	1.—		4.—	36.—	25.—	8.—	9.—
11	Jussy	375.			200.—	400.	91.33	10.—	1.	9.	6.78		10	20.	200.	100.—	80.—
12	Meinier		5.40	72.10	160.—	338.30	70.36	9.50	1.—	4.88	3.		18.—	113.—	113.—	74.80	38.—
13	Plainpalais		15		75.—	25.—	5.22	50.—	100.—	33.37	65.—		15.—	10.—	3.—	2.	8.—
14	Presinge	34.—	25.—		130.—	200.—	40.02	3.—	3.—	1.94	3.—		6.—	60.—	90.—	20.—	30.
15	Puplinge				50.	180.—	13.11	10.		1.19	2.40		12.—	50.	82.—	21.—	27.—
16	Thônex	4.13			216.—	108.	14.21	13.50	3.—	3.82	2.		13.30	27.—	27.—	27.—	27.—
17	Vandœuvres	4.39			210	137.	37.32	12.—	18.05	6.	3.		27.	20.—	49.—	27.—	21.—
	Totaux de l'arrondissement	**549.90**	**55.40**	**89.26**	**2025.31**	**2,654.98**	**683.70**	**179.83**	**304.19**	**125.01**	**107.73**		**196.06**	**725.—**	**1018.18**	**460.80**	**451.—**
	Arve et Rhône.																
1	Aire-la-Ville	20.	11		11.	290.	10.28	2.70		1.44	1.40		2.—	100.—	50.—	10.—	40.
2	Avully	7.—	14.—		50.	310.—	30.45	1.35	1.00	2.25	—.71		17.50	124.—	80.—	10	66.
3	Avusy	6.75	1.33		75.70	363.—	34.08	6.40	2.70	3.80	3.—		10.80	182.—	96.—	24.—	64.—
4	Bardonnex				122.—	223.29	56.67	7.—	3.	5.50	3.50		20.—	120.—	100.—	30.—	43.29
5	Bernex	144.—	151.—	3.—	193.—	578.—	132.09	13.60		6.08	9.—		32.—	174.—	280.—	29.—	86.—
6	Carouge	1.—	—.80		85.—	70.—	6.90	44.	20.—	25.—	3.—		12.—	18.—	20.—	11.—	12.—
7	Cartigny	20.—	17.—		50.—	285.50	10.87	4.74	2.50	4.—	3.—		11.34	114.	74.—	37.50	60.—
8	Chancy	165.—	26.—		50.	290.—	26.80	3.11		3.—	3.44		2.25	112.	94.—	18.—	36.—
9	Confignon		5.—		32.	182.—	41.89	4.—	1.—	2.36	1.80		8.—	30.—	66.	20	46.
10	Laconnex	22.—			20.78	296.	30.22	2.	—.—	1.12	3.—		11.34	120.—	90.—	30.—	30.—
11	Lancy	5.—	1.—		75.—	300.	13.14	20.	13.—	7.07	18.—		15.—	90.	120.—	36.—	54.
12	Onex	21.—	4		100.—	99.—	26.24	2.—	1.	2.23	2.—		4.—	10.—	34.—	20.—	15.—
13	Perly-Certoux	1.			30	162.—	22.27	4.—	—.—	1.—	1.90		7.—	60.—	60.—	15.—	27.—
14	Plan-les-Ouates	14.—	30.—		143.18	336.	49.82	15.—	2.—	4.48	4.—		15.—	134.—	117.—	34.	34.—
15	Soral				52.—	206.—	12.96	2.25	—.—	2.08	—.50		5.—	69.—	69.—	20.—	31.—
16	Troinex	—.50		8.—	138.—	130.—	27.88	15.—	4.45	3.23	2.85		27.—	35.—	63.—	15.—	45.—
17	Veyrier	50.70	—	14.—	160.—	338.—	31.36	5.—	2.	4.10	4.13		14.	81.—	135.—	34.—	68.—
	Totaux de l'arrondissement	**406.75**	**261.15**	**27.—**	**1386.66**	**4,428.79**	**609.51**	**152.30**	**53.55**	**78.84**	**65.23**		**214.23**	**1599.—**	**1606.—**	**443.50**	**780.29**

RÉCAPITULATION

	Bois	Buissons et broussailles	Marais	Prairies naturelles	Champs	Vignes	Jardins et culture maraîchère	Lac et rivières	Bâtiments et cours	Chemins de fer, routes, chemins, places, cimetières, etc.	Carrières	Vergers	Prairies artificielles	Blé	Avoine	Racines sarclées et jardins
Rhône et Lac	1188.14	185.26	13.77	3053.90	3.242.—	640.92	90.17	264.65	76.70	58.64	84.52	180.—	779.50	1371.—	464.	627.50
Arve et Lac	549.90	65.40	89.26	2025.31	2.654.98	683.70	179.83	304.19	125.01	107.73		196.06	725.—	1018.18	460.80	451.—
Arve et Rhône	406.75	261.15	27.—	1386.66	4.428.79	609.51	152.30	53.55	78.84	65.23		214.23	1599.—	1606.—	443.50	780.29
Totaux du Canton	**2144.79**	**511.81**	**130.03**	**6465.87**	**10,325.77**	**1928.43**	**422.30**	**622.39**	**280.55**	**231.57**	**84.52**	**590.29**	**3103.50**	**3995.18**	**1368.30**	**1858.79**

Imprimerie de la Classe d'agriculture.

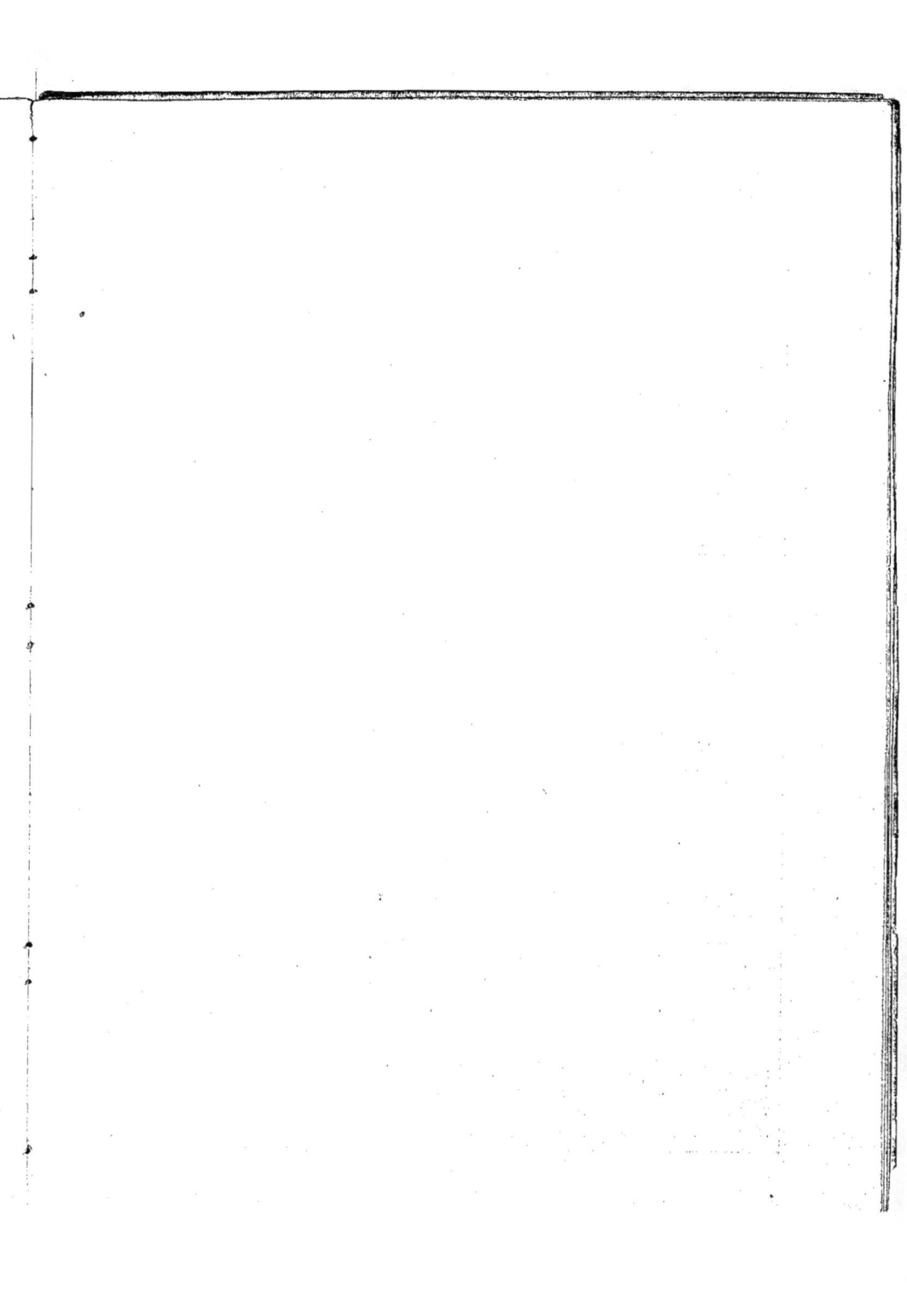

Moyennes du nombre des têtes de **bétail** existant dans les communes pour les périodes décennales de 1852 à 1861, de 1862 à 1871 et de 1872 à 1881. Réduction en têtes de gros bétail. Nombre de têtes par hectare.

TABLEAU n° 10.

	Chevaux et Juments 1852-61	62-71	72-81	Poulains 1852-61	62-71	72-81	Ânes et Mulets 1852-61	62-71	72-81	Taureaux 1852-61	62-71	72-81	Bœufs 1852-61	62-71	72-81	Vaches 1852-61	62-71	72-81
Rhône et Lac.																		
1 Bellevue	—	13.1	20.3	—	0.8	..	..	2.4	2.7	..	0.8	1.7		3.7	4.4		84.7	87.6
2 Céligny	21.0	20.7	20.8	0.4	—	1.6	..	6.2	—	0.8	2.1	2.4	31.8	23.7	16.3	64.7	63.6	70.6
3 Collex-Bossy	—	35.0	31.1	..	1.5	0.7		0.8	1.6		2.5	2.5	..	14.6	11.7	—	157.7	155.4
4 Dardagny	26.9	23.0	26.7	1.2	0.2	0.1	2.8	0.3	0.4	2.8	1.9	2.2	30.2	67.2	60.0	133.5	170.6	170.0
5 Genthod	23.8	31.2	28.8	0.2	0.9	0.5	3.7	3.8	0.6	3.2	3.0	3.1	12.3	9.1	3.4	78.3	72.3	69.7
6 Meyrin	19.6	33.9	19.6	0.8	0.7	0.7	17.3	10.4	6.0	2.6	3.1	3.4	17.8	14.2	14.2	262.3	273.0	264.8
7 Pregny	47.8	51.3	41.3	0.1	0.3	0.1	8.2	3.0	3.1	1.4	1.0	1.0	6.5	0.9	1.4	70.4	60.3	61.5
8 Russin	24.6	12.9	17.1	0.2		3.1	0.5	0.3	0.2	0.3	1.4	2.1	18.6	18.3	10.9	95.6	95.2	91.8
9 Saconnex-Grand	34.3	44.2	29.1	0.3	1.0	0.3	13.3	9.4	1.9	1.8	1.4	1.5	8.0	9.1	10.3	136.1	151.3	151.6
10 Saconnex-Petit	212.3	130.8	153.0	0.2	1.0	—	10.7	41.7	30.3	2.9	1.6	2.6	30.7	75.3	33.0	198.7	200.3	211.0
11 Satigny	80.0	106.4	111.7	0.2	1.8	0.4	9.8	6.4	3.0	6.3	6.5	11.3	67.6	57.1	40.0	354.3	358.6	372.5
12 Vernier	57.7	57.0	54.0	1.3	0.9	0.1	21.2	25.2	18.9	3.6	2.7	3.2	17.0	11.3	12.4	200.7	207.4	210.2
13 Versoix	40.4	43.6	36.6	0.2	0.3	0.9	3.3	2.9	2.7	1.7	1.1	4.9	20.2	20.8	21.3	190.8	126.7	145.6
Bellevue et Collex-Bos.	62.4	—	—	0.0	..	—	7.3	—	—	3.8	—	...	31.9	—	..	237.3		...
Totaux de l'arrondissement	**695.7**	**668.7**	**687.3**	**6.0**	**9.4**	**8.5**	**133.7**	**107.8**	**73.4**	**30.7**	**29.1**	**40.5**	**209.7**	**331.5**	**249.4**	**1982.0**	**2035.7**	**2054.2**
Arve et Lac.																		
1 Anières	—	4.1	9.1	.	..	0.2	—	2.5	1.4	..	0.8	0.4	-	18.6	8.7	--	85.8	81.0
2 Chêne-Bougeries	56.4	93.5	88.7	0.2	0.7	0.4	33.6	30.8	25.7	0.4	1.4	1.9	4.0	1.7	1.6	135.3	140.0	120.0
3 Chêne-Bourg	-		11.8	-	-	0.2	—		3.0	—	—	..	..		0.4	—		28.0
4 Choulex	22.0	25.9	28.8	0.1	0.3	0.1	11.6	10.4	9.6	0.7	1.1	1.3	0.2	2.8	4.0	140.5	142.4	107.0
5 Collonge-Bellerive	20.5	23.7	34.2	0.8	0.9	0.8	7.4	4.6	6.9	1.8	1.3	2.3	20.4	10.4	17.0	153.8	155.7	142.3
6 Cologny	60.0	59.1	51.4	0.3	0.5	0.3	12.5	7.1	3.6	1.0	2.6	5.2	3.3	2.2	3.8	144.6	130.0	135.4
7 Corsier	..	19.8	22.1	...	0.8	0.2		3.1	1.7		1.9	2.4	..	6.9	5.6	—	97.7	97.3
8 Eaux-Vives	148.3	213.7	344.9	0.1	0.8	0.9	11.3	3.3	1.9	0.3	—	-	3.8	1.8	2.3	51.9	48.2	48.5
9 Gy	9.3	15.3	17.0	0.1			0.2	..	0.1	1.3	0.3	0.1	14.7	9.6	18.1	92.8	53.8	59.3
10 Hermance	8.8	8.4	9.0	—	0.1	0.8	4.1	2.1	0.1	3.9	3.4	1.2	10.3	10.0	8.8	80.3	82.9	73.8
11 Jussy	44.1	48.9	51.7	0.4	0.6	0.3	3.6	5.2	1.8	2.1	2.1	2.7	78.6	70.3	80.9	257.9	234.3	230.4
12 Meinier	10.4	21.8	28.8	0.5	0.0	0.7	6.8	1.3	1.1	2.8	3.8	4.3	23.7	19.4	20.6	202.3	205.7	196.3
13 Plainpalais	87.1	103.1	225.9	0.1	0.2	0.3	7.8	3.4	2.3	1.1	0.9	0.3	0.2	2.9	2.7	86.7	80.8	62.1
14 Presinges	10.1	22.2	20.0	1.1	0.7	-	4.7	3.1	2.3	1.7	2.9	1.8	11.3	12.0	8.0	121.3	117.3	106.4
15 Puplinge	10.3	13.7	22.4	0.8	0.3	0.9	10.4	15.9	13.8	1.4	1.2	0.3	9.3	7.6	3.8	75.6	70.6	30.7
16 Thônex	—	—	50.3	--	--	..		--	15.6	—		—	—	--	0.4	..	.	74.3
17 Vandœuvres	58.3	58.0	52.6	3.0	0.9	-	17.3	9.0	4.7	3.4	3.5	4.3	6.2	7.4	6.7	157.0	134.3	127.7
Anières et Corsier	13.8	—	...	0.4	-		6.7		.	2.3	---	--	31.9		.	193.3	---	--
Chêne-Bourg et Thônex	61.3	68.7	.	0.8	0.6	--	27.1	21.4	—	0.8	0.3	—	4.9	2.0	—	120.4	111.7	--
Totaux de l'arrondissement	**830.7**	**805.8**	**1062.7**	**9.3**	**8.5**	**6.3**	**184.4**	**120.4**	**87.4**	**25.2**	**27.5**	**28.7**	**231.4**	**200.5**	**186.4**	**1862.0**	**1879.2**	**1733.6**
Arve et Rhône.																		
1 Aire-la-Ville	4.7	4.4	5.0		0.1	0.2	0.4	0.8	1.0	0.4		0.4	8.2	8.2	8.9	79.6	70.8	70.8
2 Avully	13.7	16.9	4.5	0.5	0.5	0.3	2.0	2.0	0.4	0.9	0.5	..	30.3	27.1	22.4	107.5	113.0	115.1
3 Avusy	17.3	18.4	22.2	0.4	1.3	0.7	4.3	2.4	0.0	3.3	2.1	4.7	29.3	17.2	13.8	160.9	148.2	152.3
4 Bardonnex	30.1	37.0	32.1	—	0.1	—	12.6	4.6	3.1	2.3	3.1	4.2	12.0	3.3	7.7	214.2	206.1	206.3
5 Bernex	24.9	30.7	30.5	0.3	0.6	0.6	5.0	3.3	1.7	2.7	1.9	1.3	20.6	12.8	0.3	348.3	314.7	306.4
6 Carouge	166.6	190.7	170.6	0.2	—	0.1	23.5	16.4	8.1	0.7	0.1	0.3	4.6	4.9	5.3	103.1	106.8	102.1
7 Cartigny	23.1	32.6	37.8	2.3	1.5	1.2	1.4	1.9		2.6	1.7	4.1	26.9	18.8	14.6	137.0	121.9	132.5
8 Chancy	19.6	18.0	19.2	1.3	1.2	1.3	-	—	0.2	0.1	0.0	1.1	70.1	54.1	51.7	102.4	80.7	94.3
9 Confignon	7.9	15.6	10.9	..	0.3	—	3.6	1.1	3.7	0.3	0.3	0.3	4.2	2.8	3.4	90.7	95.7	74.3
10 Laconnex	7	9.2	9.8	0.7	0.6	-	0.3	—	0.1	0.8	0.6	1.2	11.4	7.3	6.3	97.3	85.2	91.0
11 Lancy	33.9	40.8	44.9	0.2	0.8	0.1	15.3	11.1	6.8	..	0.3	0.6	0.4	4.4	3.6	133.5	121.4	126.7
12 Onex	22.4	20.6	18.6		0.2		5.9	2.1	1.9	0.8	0.6	0.4	2.8	2.3	4.4	80.4	67.5	63.4
13 Perly-Certoux	5.8	11.5	11.9	0.3	—	.	6.3	6.2	3.8	1.9	1.0	1.0	11.2	10.3	5.1	93.0	79.6	85.0
14 Plan-les-Ouates	29.6	30.2	43.8	0.3	0.6	..	18.5	22.3	21.3	1.2	1.0	2.0	13.7	11.8	12.0	230.4	236.1	228.9
15 Soral	11.9	13.3	16.6	0.4	0.4	0.3	0.8	0.6	0.9	1.2	0.2	1.1	13.8	8.6	7.3	143.2	144.9	130.4
16 Troinex	25.1	27.6	28.2	0.1	..	0.3	8.2	6.6	3.5	0.4	1.7	2.7	11.5	7.6	7.3	87.3	67.5	93.3
17 Veyrier	47.2	54.6	72.1	0.9	1.0	1.2	12.6	8.3	6.1	2.4	2.3	0.8	20.7	13.5	16.0	174.2	165.8	133.5
Totaux de l'arrondissement	**482.7**	**577.1**	**613.7**	**7.0**	**9.4**	**6.3**	**123.7**	**89.9**	**66.5**	**22.0**	**18.4**	**26.4**	**324.5**	**220.8**	**186.5**	**2381.0**	**2225.5**	**2200.3**

RÉCAPITULATION

	Chevaux et Juments 1852-61	62-71	72-81	Poulains 1852-61	62-71	72-81	Ânes et Mulets 1852-61	62-71	72-81	Taureaux 1852-61	62-71	72-81	Bœufs 1852-61	62-71	72-81	Vaches 1852-61	62-71	72-81
Rhône et Lac	695.7	668.7	687.3	6.0	9.4	8.5	133.7	107.8	73.4	30.7	29.1	40.5	209.7	331.5	249.4	1982.0	2035.7	2051.2
Arve et Lac	830.7	805.8	1062.7	9.3	8.5	6.3	184.4	120.4	87.4	25.2	27.5	28.7	231.4	200.5	186.4	1862.0	1879.2	1733.6
Arve et Rhône	492.7	577.1	613.7	7.0	9.4	6.3	123.7	89.9	66.5	22.0	18.4	26.4	324.5	220.8	186.5	2381.0	2225.5	2200.3
Ville de Genève	375.3	533.0	682.1	..	1.2	0.8	1.7	0.4	0.7	0.1	—	..	—	1.1	27.9	1.5	5.4	10.2
Totaux du Canton	**2494.4**	**2602.6**	**2985.8**	**23.2**	**28.5**	**21.9**	**443.5**	**324.5**	**228.0**	**78.0**	**75.0**	**95.6**	**855.8**	**753.9**	**660.2**	**6327.4**	**6445.8**	**5985.3**

	Élèves 1852-61	62-71	72-81	Chèvres 1852-61	62-71	72-81	Moutons 1852-61	62-71	72-81	Porcs 1852-61	62-71	72-81	Moyennes en têtes de gros bétail 1852-61	62-71	72-81	Nombre de têtes par hectare 1852-61	62-71	72-81
Rhône et Lac.																		
1 Bellevue	..	3.3	6.3	—	13.0	9.2	--	8.2	3.0	—	47.5	38.5	—	130.32	150.49		0.36	0.36
2 Céligny	11.0	11.4	17.3	14.8	12.2	13.0	33.3	56.1	28.4	30.8	64.6	60.1	155.05	142.37	145.26	0.32	0.32	0.32
3 Collex-Bossy		15.2	17.5		17.9	13.7	...	9.0	12.3		32.4	30.9		236.35	231.85	—	0.34	0.34
4 Dardagny	38.9	29.8	19.4	11.4	6.7	10.6	6.2	3.3	6.0	30.1	21.3	36.2	220.82	230.42	302.46	0.36	0.36	0.37
5 Genthod	9.3	5.6	0.5	16.6	10.1	17.1	6.6	10.7	8.4	34.5	35.4	38.3	150.83	155.17	150.12	0.50	0.48	0.46
6 Meyrin	18.1	23.6	23.7	16.4	25.2	42.9	6.2	6.8	12.1	36.0	42.6	145.9	371.05	380.94	437.28	0.37	0.39	0.44
7 Pregny	5.8	3.7	5.3	28.4	20.2	27.0	3.7	4.8	8.1	29.9	26.8	37.1	142.33	131.08	129.78	0.44	0.40	0.40
8 Russin	12.6	13.4	15.4	12.0	13.0	17.3	9.1	7.3	12.2	17.3	28.7	31.5	158.10	150.42	155.48	0.36	0.34	0.35
9 Saconnex-Grand	11.3	7.0	12.1	35.6	29.0	29.6	5.6	5.1	3.5	98.2	135.3	115.2	219.17	236.73	245.16	0.56	0.61	0.63
10 Saconnex-Petit	11.3	37.2	37.3	37.7	33.4	48.1	77.0	117.9	110.8	103.1	150.9	107.6	517.68	500.00	568.87	0.80	1.05	0.84
11 Satigny	50.4	50.9	68.2	40.0	60.6	98.4	12.0	41.0	41.1	95.4	144.2	176.5	578.90	600.02	620.28	0.32	0.33	0.34
12 Vernier	15.2	19.2	14.2	30.5	35.4	54.3	11.3	18.4	8.2	38.6	84.2	105.0	331.55	330.38	335.94	0.57	0.57	0.58
13 Versoix	31.2	25.4	20.0	31.9	37.6	30.7	31.5	28.7	15.3	41.2	36.3	71.2	202.42	210.80	240.56	0.26	0.25	0.25
Bellevue et Collex-Bos.	23.3	—	-	70.4	—	..	12.0	—		80.0			307.23	.	—	0.36	..	—
Totaux de l'arrondissement	**239.2**	**259.6**	**270.1**	**373.7**	**370.2**	**441.9**	**218.5**	**317.3**	**271.4**	**663.3**	**898.4**	**1023.0**	**3.554.89**	**3,641.11**	**3,822.52**	**0.40**	**0.44**	**0.44**
Arve et Lac.																		
1 Anières	—	8.4	13.2		17.1	27.0		17.1	23.4		12.1	21.3	....	126.40	125.18	.	0.34	0.34
2 Chêne-Bougeries	2.9	2.3	2.7	17.7	15.8	18.3	8.2	14.5	18.3	29.8	42.6	44.1	237.02	220.03	244.30	0.00	0.08	0.62
3 Chêne-Bourg	—	...	1.0	—		22.6	—	--	0.7		...	51.4		...	86.97			0.70
4 Choulex	4.7	4.1	7.7	15.3	31.3	30.0	0.3	5.8	3.8	18.4	28.1	39.0	164.01	169.00	173.80	0.44	0.45	0.47
5 Collonge-Bellerive	21.1	15.1	13.0	24.2	28.2	22.0	13.3	8.3	14.3	40.4	57.6	65.1	226.75	232.07	232.60	0.30	0.40	0.40
6 Cologny	6.4	10.2	13.2	15.5	21.4	22.3	8.3	0.4	12.0	14.3	36.4	60.3	234.50	235.55	228.82	0.60	0.60	0.68
7 Corsier	—	14.5	12.3	—	10.0	13.8	.	17.4	4.2	..	10.7	12.0	—	130.23	116.33	—	0.37	0.35
8 Eaux-Vives	0.8	1.3	1.8	8.9	9.9	10.8	8.1	17.4	11.0	38.8	46.3	28.9	224.70	283.58	378.30	0.98	1.24	1.65
9 Gy	6.4	6.7	6.8	14.6	15.9	20.0	5.6	7.4	9.0	13.4	18.4	19.5	100.06	93.30	100.35	0.31	0.30	0.31
10 Hermance	21.4	21.0	12.0	34.2	35.7	36.9	13.2	21.2	22.8	26.3	34.6	26.4	150.37	142.87	123.40	1.12	1.07	0.93
11 Jussy	8.8	8.7	17.0	7.0	11.0	12.2	4.7	11.3	16.0	35.0	62.7	61.3	406.37	322.37	410.80	0.37	0.36	0.38
12 Meinier	20.2	20.1	11.3	28.4	21.4	19.9	3.3	11.8	11.0	23.9	18.2	21.7	283.21	281.95	270.07	0.41	0.41	0.41
13 Plainpalais	0.9	1.0	1.2	18.3	27.1	16.2	2.8	10.3	13.9	31.0	37.8	93.6	190.14	216.33	318.48	0.52	0.70	0.86
14 Presinges	16.6	20.5	17.3	13.3	18.3	30.4	2.9	0.0	18.8	27.3	24.0	32.0	179.30	186.80	109.13	0.39	0.41	0.37
15 Puplinge	3.6	2.2	4.5	8.8	15.0	22.5	3.7	0.1	9.9	9.2	10.3	16.2	110.27	111.72	98.23	0.53	0.44	0.38
16 Thônex	—	--	2.4		--	29.9			8.1			27.9	...	...	133.07	...	...	0.36
17 Vandœuvres	10.6	3.3	9.1	11.4	8.0	16.6	14.7	18.4	30.0	30.3	46.3	55.5	250.86	224.50	210.37	0.36	0.32	0.31
Anières et Corsier	13.1	..		23.7		.	19.0	..	.	16.4	—		272.36	...	..	0.43	..	—
Chêne-Bourg et Thônex	3.8	4.1	—	28.8	32.6	—	10.7	10.2	..	43.6	30.6	.	233.10	218.70	—	0.58	0.45	—
Totaux de l'arrondissement	**145.2**	**147.0**	**157.2**	**299.3**	**344.1**	**401.3**	**144.7**	**238.4**	**246.2**	**480.3**	**555.6**	**656.8**	**3,254.99**	**3.336.17**	**3,468.90**	**0.48**	**0.49**	**0.54**
Arve et Rhône.																		
1 Aire-la-Ville	6.9	4.4	4.8	3.8	5.8	8.4	1.9	3.5	3.1	3.3	12.2	22.4	101.51	92.05	97.07	0.39	0.36	0.38
2 Avully	7.8	10.3	12.8	3.5	4.7	11.4	24.6	37.2	26.0	6.1	15.8	36.8	172.38	170.02	177.44	0.44	0.52	0.42
3 Avusy	22.6	22.5	24.2	37.0	35.4	73.4	35.7	25.0	31.2	11.7	15.0	25.0	249.06	224.08	231.27	0.50	0.55	0.56
4 Bardonnex	10.7	11.5	12.3	38.9	38.4	37.5	7.6	16.4	8.6	14.1	10.0	30.0	287.30	276.92	288.05	0.50	0.50	0.50
5 Bernex	13.6	18.6	30.1	32.1	18.2	62.1	21.6	21.7	44.9	4.2	7.3	43.3	417.02	388.26	443.83	0.34	0.31	0.34
6 Carouge	3.4	4.7	7.0	32.6	40.8	33.3	13.0	26.4	12.6	27.0	43.0	62.9	308.81	350.08	320.04	1.21	1.34	1.25
7 Cartigny	10.6	10.8	22.8	18.8	17.0	28.7	28.4	23.3	33.5	10.3	41.7	48.6	223.33	192.41	231.81	0.56	0.48	0.58
8 Chancy	20.4	15.0	25.1	10.7	11.3	19.5	27.4	27.4	30.5	19.0	12.4	38.8	231.70	177.08	198.51	0.48	0.36	0.41
9 Confignon	4.1	2.9	3.5	27.4	28.1	38.6	12.2	0.1	6.7	4.9	13.9	33.0	116.08	127.03	109.24	0.43	0.47	0.40
10 Laconnex	8.0	8.8	10.7	8.2	7.0	16.6	10.9	0.3	20.0	3.2	7.3	18.2	120.02	115.00	128.01	0.33	0.31	0.31
11 Lancy	3.7	4.1	3.0	56.0	32.3	65.9	7.7	17.1	42.5	15.6	18.1	25.4	202.44	193.15	204.61	0.42	0.40	0.42
12 Onex	4.8	5.5	5.4	20.8	21.3	22.7	4.1	0.2	7.0	4.3	8.4	15.7	119.38	104.75	98.50	0.46	0.41	0.38
13 Perly-Certoux	3.5	2.8	3.0	6.6	8.7	15.3	4.5	4.1	4.8	1.3	4.8	3.6	120.02	111.61	112.76	0.50	0.56	0.57
14 Plan-les-Ouates	7.3	4.0	9.5	46.9	48.6	64.6	13.0	19.5	35.5	25.2	49.4	96.4	307.47	319.40	344.10	0.54	0.56	0.61
15 Soral	10.9	12.4	10.0	0.2	9.5	15.0	3.0	3.9	7.2	1.6	1.0	10.3	185.32	182.20	171.83	0.67	0.66	0.63
16 Troinex	3.0	3.3	6.7	24.7	32.0	37.8	1.2	3.4	2.9	14.1	3.8	13.8	130.38	120.90	130.86	0.42	0.37	0.46
17 Veyrier	25.6	23.1	15.3	22.4	23.6	64.6	8.1	21.6	50.6	14.0	47.5	61.7	204.39	281.33	278.27	0.48	0.46	0.45
Totaux de l'arrondissement	**150.9**	**166.6**	**211.6**	**401.6**	**407.7**	**615.4**	**236.8**	**278.1**	**397.1**	**211.9**	**316.4**	**505.1**	**3,607.23**	**3,425.14**	**3,559.87**	**0.48**	**0.46**	**0.48**

TULATION

	Élèves 1852-61	62-71	72-81	Chèvres 1852-61	62-71	72-81	Moutons 1852-61	62-71	72-81	Porcs 1852-61	62-71	72-81	Moyennes en têtes de gros bétail 1852-61	62-71	72-81	Nombre de têtes par hectare 1852-61	62-71	72-81
Rhône et Lac	239.2	259.6	270.1	373.7	370.2	441.9	216.5	317.3	271.4	663.3	898.4	1023.0	3,554.89	3,641.11	3,822.52			
Arve et Lac	145.2	147.0	157.2	299.3	344.1	401.3	144.7	238.4	246.2	409.3	555.6	656.8	3,254.99	3,336.17	3,468.90			
Arve et Rhône	150.9	166.6	211.6	401.6	407.7	615.4	236.8	278.1	397.1	211.9	316.4	585.1	3,607.23	3,425.14	3,559.87			
Ville de Genève	—	—	—	3.4	4.7	3.1	0.3	10.8	7.1	4.6	2.1	1.1	370.38	564.24	642.90			
Totaux du Canton	**535.3**	**583.2**	**638.9**	**1078.0**	**1126.7**	**1461.7**	**598.3**	**853.6**	**920.8**	**1349.4**	**1772.5**	**2276.0**	**10,793.49**	**10.966.66**	**11.204.49**	**0.46**	**0.47**	**0.49**

TABLEAU n° 11.

POPULATION

N°	Commune	Recensements cantonaux 1834	1837	1843	Recensements fédéraux Mars 1850	Décembre 1860	Décembre 1870	Décembre 1880	Moyenne de têtes par hectare en 1880	Population vouée à l'Agriculture et à l'Horticulture en 1880 : Agriculture	Horticulture	TOTAL
		Habit.	Habit.	Habit.	Habit.	Habit.	Habit.	Habit.				
	Rhône et Lac											
1	Bellevue	(av. Collex-Bossy) 711	(av. Collex-Bossy) 740	(av. Collex-Bossy) 749	(av. Collex-Bossy) 740	325	302	338	0,82	100	20	120
2	Céligny	276	244	252	312	298	365	357	0,79	128	16	144
3	Collex-Bossy	(av. Bellevue) 711	(av. Bellevue) 740	(av. Bellevue) 749	(av. Bellevue) 740	309	504	466	0,68	247	3	250
4	Dardagny	472	462	444	502	540	598	654	0,80	285	1	286
5	Genthod	205	227	207	228	221	283	359	1,28	107	28	135
6	Meyrin	570	576	582	507	657	610	621	0,63	350	5	355
7	Pregny	381	408	421	463	615	553	485	1,19	126	47	173
8	Russin	240	254	255	281	314	295	295	0,67	172	3	175
9	Saconnex (Grand)	508	528	547	528	708	630	948	1,07	229	25	254
10	Saconnex (Petit)	(av. Saconnex-G.) 1,081	(av. Saconnex G.) 1,976	(av. Saconnex G.) 2,012	1,106	1,817	1,820	3,162	3,96	191	122	313
11	Satigny	900	922	905	1,014	1,005	1,172	1,227	0,57	600	25	625
12	Vernier	772	791	720	767	873	831	738	1,05	400	20	420
13	Versoix	751	765	827	867	1,052	1,178	1,220	1,22	267	39	306
	Totaux et moyenne de l'arrondissement	**7.587**	**7.023**	**8.519**	**7.477**	**9.023**	**9,177**	**10,880**	**1.21**	**3.192**	**353**	**3.545**
	Arve et Lac											
1	Anières	(av. Corsier) 694	(av. Corsier) 680	(av. Corsier) 626	(av. Corsier) 607	315	342	351	0,95	208	8	216
2	Chêne-Bougeries	820	831	915	1,051	1,274	1,308	1,224	3,10	136	52	188
3	Chêne-Bourg	(av. Thônex) 1,404	(av. Thônex) 1,417	(av. Thônex) 1,383	(av. Thônex) 1,375	(av. Thônex) 1,600	1,077	1,109	9,02	88	26	114
4	Choulex	303	303	319	468	432	472	434	1,16	207	18	225
5	Collonge-Bellerive	614	662	720	800	802	728	810	1,55	328	35	363
6	Cologny	383	519	513	544	382	587	673	1,70	186	31	217
7	Corsier	(av. Anières) 608	(av. Anières) 680	(av. Anières) 628	(av. Anières) 607	270	250	300	1,13	114	9	123
8	Eaux-Vives	1,345	1,462	1,761	2,028	4,180	5,678	7,280	31,63	37	95	132
9	Gy	(av. Jussy) 903	(av. Jussy) 918	(av. Jussy) 985	(av. Jussy) 1,020	180	195	198	0,62	110	0	110
10	Hermance	468	472	500	408	461	465	408	3,07	159	6	165
11	Jussy	(av. Gy) 903	(av. Gy) 918	(av. Gy) 985	(av. Gy) 1,020	705	659	687	0,63	353	7	360
12	Meinier	583	512	526	582	470	446	474	0,63	276	0	276
13	Plainpalais	1,975	2,273	3,010	3,352	6,527	8,313	10,770	20,19	99	201	300
14	Presinge	(av. Puplinge) 531	(av. Puplinge) 500	(av. Puplinge) 554	(av. Puplinge) 502	293	335	335	0,72	143	10	153
15	Puplinge	(av. Presinge) 531	(av. Presinge) 500	(av. Presinge) 334	(av. Presinge) 502	291	271	238	1 --	140	15	155
16	Thônex	(av. Chêne-Bourg) 1,404	(av. Chêne-Bourg) 1,417	(av. Chêne-Bourg) 1,383	(av. Chêne-Bourg) 1,375	(av. Chêne-Bourg) 1,600	332	619	1,70	167	49	216
17	Vandœuvres	506	540	506	526	512	610	572	1,34	179	43	222
	Totaux et moyenne de l'arrondissement	**10,799**	**11.309**	**12.507**	**13.433**	**19.124**	**22,206**	**26.442**	**3.90**	**2,958**	**684**	**3.834**
	Arve et Rhône											
1	Aire-la-Ville	182	180	180	243	234	226	245	0,87	118	0	118
2	Avully	377	379	338	305	278	305	330	0,79	136	1	137
3	Avusy	(Avusy-Laconnex-Soral) 1,134	(A. L. S.) 1,147	(A. L. S.) 1,236	510	514	565	550	0,91	240	5	245
4	Bardonnex	(av. Plan-les-Ouates) 1,343	(av. Pl.-l.-O.) 1,306	(av. Pl.-l.-O.) 1,300	(av. Pl.-l.-O.) 1,569	466	623	700	1,53	396	8	404
5	Bernex	(Bernex-Onex-Confignon) 1,510	(B. O. C.) 1,481	(B. O. C.) 1,490	(B. O. C.) 1,022	986	992	933	0,76	817	9	826
6	Carouge	4,053	4,367	4,107	4,403	5,817	5,602	5,812	22,91	37	89	126
7	Cartigny	400	478	518	497	438	492	446	1,12	224	3	227
8	Chancy	380	350	314	346	318	310	344	0,70	158	0	158
9	Confignon	(B. O. C.) 1,510	(B. O. C.) 1,481	(B. O. C.) 1,490	(B. O. C.) 1,022	334	349	313	1,16	178	3	181
10	Laconnex	(A. L. S.) 1,134	(A. L. S.) 1,147	(A. L. S.) 1,236	(A. L. S.) 1,206	251	212	217	0,60	154	0	154
11	Lancy	661	696	732	778	955	1,105	908	2,06	233	78	311
12	Onex	(B. O. C.) 1,510	(B. O. C.) 1,481	(B. O. C.) 1,490	(B. O. C.) 1,022	261	227	247	0,95	102	11	113
13	Perly-Certoux	221	212	211	225	233	254	277	1,12	140	3	143
14	Plan-les-Ouates	(av. Bardonnex) 1,343	(av. Bardonnex) 1,306	(av. Bardonnex) 1,300	(av. Bardonnex) 1,569	857	808	800	1,32	401	12	413
15	Soral	(A. L. S.) 1,134	(A. L. S.) 1,147	(A. L. S.) 1,236	(A. L. S.) 1,206	333	337	284	1,03	148	0	148
16	Troinex	238	253	246	247	280	303	353	1,05	144	24	168
17	Veyrier	535	532	539	567	557	620	703	1,14	299	12	311
	Totaux et moyenne de l'arrondissement	**11,084**	**11,444**	**11,886**	**11,998**	**13,330**	**13.254**	**13.557**	**1,82**	**3.663**	**238**	**3,903**

RÉCAPITULATION

	1834	1837	1843	Mars 1850	Décembre 1860	Décembre 1870	Décembre 1880	Moyenne	Agriculture	Horticulture	TOTAL
Rhône et Lac	7,587	7,023	8,519	7,477	9,023	9,177	10,880				
Arve et Lac	10,799	11,309	12,507	13,433	19,124	22,206	26,442				
Arve et Rhône	11,084	11,441	11,886	11,998	13,330	13,254	13,557				
	29,469	30,773	32,712	32,908	41,477	44,637	50,879	2.20	9,807	1,275	11,082
Ville de Genève	27,177	28,003	29,189	31,238	41,415	44,135	48,833				
Population totale	56,637	58,776	61,901	64,146	82,892	88,791	99,712				
Totaux et moyenne, déduction faite de la Ville, Plainpalais, Eaux-Vives, Carouge et Petit-Saconnex	20,406	20,595	20,842	22,019	23,065	23,183	23,515	1.07	9,403	728	10,131

Publié par la Classe d'agriculture.

Extraits des Comptes rendus administratifs de la Ville de Genève sur le **produit de l'octroi** en 1860, 1870 et 1880.

TABLEAU n° 12.

Boissons et liquides

	1860. Population de la Ville : 41,415 habitants					1870. Population : 47,500 habitants			1880. Population : 50,000 habitants		
	litres	Blanc (litres)	Rouge (litres)	Total (litres)	litres	litres	litres	litres	litres	litres	litres
Vins du Canton	3,046,374					4,000,670			1,596,034		
Vins des autres Cantons suisses	617,544					397,578			239,400		
Vins des prop^res genevois, zone de Savoie	139,779					357,595			145,041		
Vins des prop^res genevois, zone de Gex	11,484	3,252,974 +	562,207 =	3,815,181		4,182	4,760,025		13,358	1,993,803	
Vins étrangers et de liqueurs		776,034	2,774,280	3,550,314			5,407,671			7,268,265	
		4,029,008	3,336,487	7,365,495	par tête 177,85		10,467,696	par tête 214,05		9,262,068	par tête 185,24
Bière	834,286				par tête 20,07	1,257,919		par tête 26,48	2,406,634		par tête 48,13
Cidre	415,479				par tête 10,03	30,435		par tête 0,64	18,179		par tête 0,36
					207,95			241,47			233,73
Esprit, eaux-de-vie, rhum, etc.	772,906 degrés d'alcool.					987,075 degrés d'alcool.			3,568,633 degrés d'alcool.		

Comestibles

	1860 Nombre	1860 Poids moyen (kil.)	1860 Poids total brut (kil.)	1860 Poids total viande nette (kil.)	1870 Nombre	1870 Poids moyen (kil.)	1870 Poids total brut (kil.)	1870 Poids total viande nette (kil.)	1880 Nombre	1880 Poids moyen (kil.)	1880 Poids total brut (kil.)	1880 Poids total viande nette (kil.)
Bœufs	3,479	691.—	2,403,989.—	(50 %) 1,201,994.50	4,014	656.—	2,632,970	1,316,485.—	4,374	661.—	2,891,960	1,445,980.—
Vaches	779	508.50	396,121.50	» 198,060.75	1,376	476.50	751,325	375,662.50	1,363	490.—	668,155	334,077.50
Veaux	20,279	75.—	1,520,925.—	60 % 912,555.—	21,637	75.—	1,622,775	973,665.—	19,223	(net) 45.—		865,035.—
Moutons	17,921	(net) 20.—		358,420.—	24,070	(net) 20.—		481,400.—	18,931	(net) 20.—		378,620.—
Chèvres					114	(net) 20.—		2,280.—	81	(net) 20.—		1,620.—
Porcs	3,033 ½	(net) 112.50		341,268.75	4,420	(net) 112.50		497,250.—	4,380 ¾	(net) 112.50		492,834.37
Viande de porc fraîche								2,081.50				2,312.50
Viande dépecée								171,603.—				481,550.—
Viande salée								73,116.50				131,779.—
		par tête 72,73 kil.		3,012,299.—		par tête 81,97 kil.		3,893,543.50		par tête 82,67 kil.		4,133,808.37

Fourrages

	1860	1870 (kil.)	1880 (kil.)
Foin		2,693,450	2,945,735
Paille		989,950	993,740
Avoine		1,060,550	1,321,445

Prix des principales **denrées agricoles** de 1851 à 1881, et moyennes décennales.

TABLEAU n° 13.

BLÉ (les 100 kilos)

	Février	Mai	Août	Novembre
	Fr. C.	Fr. C.	Fr. C.	Fr. C.
1851			25.32	25.04
1852	26.46	29.64	25.20	30.24
1853	28.83	28.83	35.99	46.32
1854	45.21	47.83	35.08	46.77
1855	45.72	46.77	43.35	45.56
1856	39.97	37.63	46.94	46.90
1857	44.55	45.60	34.04	28.66
1858	26.20	24.87	25.10	22.04
1859	22.59	23.90	27.64	27.48
1860	28.—	32.29	33.73	34.67
1861	33.90	34.—		
Moyennes	34.14	35.14	33.24	35.37

	Février	Mai	Août	Novembre
	Fr. C.	Fr. C.	Fr. C.	Fr. C.
1861			34.57	34.80
1862	33.15	31.59	31.15	29.27
1863	29.28	28.77	26.17	25.29
1864	25.67	25.44	24.34	23.58
1865	23.06	23.87	23.28	23.37
1866	23.37	23.72	29.25	31.75
1867	37.25	36.19	32.45	37.50
1868	38.60	39.—	27.85	28.25
1869	27.25	26.45	26.87	26.65
1870	26.42	27.80	32.16	34.75
1871	36.62	34.81		
	30.07	29.76	28.81	29.52

	Février	Mai	Août	Novembre
	Fr. C.	Fr. C.	Fr. C.	Fr. C.
1871			30.62	34.25
1872	33.12	33.12	29.37	33.56
1873	34.25	36.19	37.15	38.—
1874	39.50	40.70	28.—	27.25
1875	25.75	27.44	31.62	27.—
1876	26.87	28.—	26.87	28.50
1877	30.—	31.85	30.50	31.—
1878	30.75	31.—	29.50	29.50
1879	28.50	28.50	28.27	30.80
1880	32.—	32.90	29.—	29.37
1881	31.74	32.45		
	31.25	32.21	30.09	30.92

AVOINE (les 100 kilos)

	Février	Mai	Août	Novembre
1851			18.27	17.80
1852	16.16	17.20	15.17	15.67
1853	17.67	18.—	20.33	23.17
1854	22.83	25.30	21.42	24.67
1855	23.33	25.17	22.33	24.83
1856	20.83	21.60	21.89	25.33
1857	25.83	34.13	29.76	25.80
1858	21.87	26.88	20.83	22.—
1859	22.03	24.54	22.25	21.50
1860	21.—	22.56	20.69	21.50
1861	20.87	21.87		
Moyennes	21.24	23.72	21.29	22.23

	Février	Mai	Août	Novembre
1861			18.05	20.70
1862	20.31	21.80	18.75	20.60
1863	20.44	21.40	18.—	18.25
1864	18.50	19.25	18.37	18.94
1865	19.—	21.81	19.12	21.—
1866	21.37	21.12	18.87	19.38
1867	21.50	23.12	20.67	23.50
1868	24.90	26.50	17.65	21.—
1869	20.87	20.75	16.81	18.70
1870	18.67	20.20	26.83	27.37
1871	28.75	27.87		
	21.43	22.38	19.31	20.94

	Février	Mai	Août	Novembre
1871			16.—	18.87
1872	20.62	19.87	15.12	18.62
1873	19.62	22.62	17.40	21.30
1874	25.—	29.50	20.80	25.60
1875	25.50	25.06	20.50	23.16
1876	22.—	24.26	23.75	21.50
1877	23.—	23.—	21.19	20.87
1878	22.75	24.87	23.25	19.12
1879	20.50	20.50	20.—	18.40
1880	20.50	22.55	17.44	19.06
1881	19.75	21.30		
	21.92	23.35	19.55	20.65

POMMES DE TERRE (les 100 kilos)

	Janvier	Avril	Juillet	Octobre
	Fr. C.	Fr. C.	Fr. C.	Fr. C.
1851				7.95
1852	10.30	10.34	7.70	11.39
1853	11.58	12.97	13.94	12.87
1854	15.45	16.91	10.79	13.60
1855	13.66	13.45	14.08	8.36
1856	8.60	8.33	15.60	15.62
1857	17.09	17.35	14.—	10.94
1858	9.30	9.74	8.70	6.50
1859	6.50	6.20	8.70	12.30
1860	13.—	15.50	13.50	14.12
1861	13.—	14.38	15.88	
Moyennes	11.85	12.52	12.29	11.36

	Janvier	Avril	Juillet	Octobre
	Fr. C.	Fr. C.	Fr. C.	Fr. C.
1861				9.62
1862	9.62	11.74	9.24	6.92
1863	6.50	6.50	8.16	8.24
1864	10.10	9.50	10.60	6.88
1865	8.74	9.90	8.50	6.50
1866	5.50	5.—	12.50	10.—
1867	12.—	13.50	22.—	10.74
1868	11.50	13.—	11.—	6.—
1869	7.—	7.50	8.50	6.84
1870	6.32	7.34	13.—	8.10
1871	6.88	6.66	8.—	
	8.42	9.06	11.15	7.98

	Janvier	Avril	Juillet	Octobre
	Fr. C.	Fr. C.	Fr. C.	Fr. C.
1871				5.74
1872	7.38	6.16	10.50	11.56
1873	11.—	14.88	13.50	7.—
1874	7.50	9.16	12.—	6.44
1875	7.50	6.30	4.88	7.40
1876	7.30	8.50	11.—	9.30
1877	10.60	9.62	10.—	10.84
1878	11.24	12.74	12.74	10.50
1879	11.74	10.62	11.—	8.50
1880	10.70	10.—	14.50	6.—
1881	6.44	7.50	7.50	
	9.14	9.55	10.76	8.33

Prix des principales **denrées agricoles** de 1851 à 1881, et moyennes décennales.

TABLEAU n° 14.

VIN BLANC (l'hectolitre)

	Février	Juin	Octobre		Février	Juin	Octobre		Février	Juin	Octobre
	Fr. C.	Fr. C.	Fr. C.		Fr. C.	Fr. C.	Fr. C.		Fr. C.	Fr. C.	Fr. C.
1851			14.81	1861			45.74	1871			19.26
1852	16.67	18.06	19.91	1862	45.67	45.37	31.24	1872	21.—	23.30	29.17
1853	21.52	29.31	37.04	1863	32.17	33.33	24.76	1873	39.81	47.54	58.44
1854	35.19	34.26	43.52	1864	28.24	28.70	28.55	1874	55.31	55.55	48.15
1855	46.30	54.63	33.63	1865	29.81	32.28	26.57	1875	38.89	36.11	36.80
1856	38.89	42.59	38.89	1866	29.81	31.48	21.98	1876	38.89	39.81	43.52
1857	50.46	55.55	35.93	1867	22.22	27.89	47.96	1877	39.24	39.50	34.63
1858	35.80	32.87	18.41	1868	46.76	46.30	32.09	1878	39.44	39.74	40.50
1859	21.15	24.07	33.55	1869	33.33	32.—	22.57	1879	37.24	41.—	52.78
1860	36.74	40.09	32.70	1870	23.37	26.85	19.44	1880	49.50	52.50	40.—
1861	39.54	33.80		1871	28.70	34.87		1881	42.63	43.89	
Moyennes..	34.23	36.52	30.84		32.01	33.91	30.09		40.19	41.89	40.33

FOIN (les 100 kilos)

	Mars	Juin	Septembre	Décembre		Mars	Juin	Septembre	Décembre		Mars	Juin	Septembre	Décembre
	Fr. C	Fr. C.	Fr. C.	Fr. C.		Fr. C.	Fr. C.	Fr. C.	Fr. C.		Fr. C.	Fr. C.	Fr. C.	Fr. C.
1851		6.35	5.69	6.58	1861		9.32	8.24	8.58	1871		8.88	8.06	9.—
1852	6.51	8.58	7.78	8.49	1862	9.12	5.24	6.80	7.50	1872	6.92	6.34	5.82	5.84
1853	8.69	6.35	6.07	6.15	1863	7.18	5.12	7.82	7.—	1873	6.10	6.46	6.38	6.50
1854	5.67	5.69	6.07	7.80	1864	6.80	5.50	8.—	7.68	1874	7.72	8.56	10.32	12.56
1855	7.69	6.25	8.53	8.98	1865	8.74	6.68	8.94	9.88	1875	10.74	12.—	11.62	12.50
1856	9.31	8.87	9.38	9.69	1866	10.—	7.60	6.12	5.76	1876	12.06	12.74	11.76	11.82
1857	9.71	6.62	11.94	10.50	1867	5.92	4.20	5.50	5.42	1877	10.06	6.32	6.50	6.88
1858	10.76	7.62	10.18	10.62	1868	5.96	5.32	9.34	9.62	1878	6.06	5.50	5.50	6.88
1859	11.38	8.42	12.88	10.44	1869	9.42	7.12	9.—	9.—	1879	6.24	8.34	6.34	8.50
1860	10.14	8.52	6.92	7.56	1870	8.18	12.38	16.50	17.30	1880	8.30	8.62	8.24	8.70
1861	7.74				1871	19.38				1881	8.75			
Moyennes	8.76	7.33	8.54	8.68		9.07	6.85	8.63	8.77		8.29	8.38	8.05	8.92

PAILLE (les 100 kilos)

	Février	Mai	Août	Novembre		Février	Mai	Août	Novembre		Février	Mai	Août	Novembre
	Fr. C.	Fr C	Fr. C.	Fr. C.		Fr. C.	Fr. C.	Fr. C.	Fr. C.		Fr. C.	Fr. C.	Fr. C.	Fr. C.
1851			3.55	4.05	1861			7.80	7.58	1871			6.56	6.66
1852	4.65	5.33	3.75	4.71	1862	8.24	7.24	5.38	4.94	1872	5.56	5.10	3.90	4.84
1853	4.58	4.69	3.53	3.73	1863	4.68	4.38	3.60	4.06	1873	5.10	6.12	4.66	5.04
1854	3.78	3.53	3.07	4.40	1864	4.36	4.44	3.88	4.24	1874	5.34	6.82	4.24	4.80
1855	4.24	4.65	5.20	5.91	1865	5.56	5.46	5.74	8.28	1875	5.10	7.24	8.70	10.44
1856	6.82	7.18	4.73	5.93	1866	7.82	8.56	5.04	5.78	1876	9.42	11.68	11.32	10.18
1857	6.60	5.93	5.52	5.28	1867	5.24	4.54	3.74	4.48	1877	9.10	7.—	4.06	4.24
1858	4.82	4.88	3.78	4.84	1868	4.60	5.—	4.18	5.30	1878	4.24	4.82	4.16	4.50
1859	5.40	6.12	6.—	7.50	1869	5.72	5.34	5.02	5.28	1879	5.24	5.62	5.74	5.88
1860	6.50	7.74	7.28	7.94	1870	5.12	6.10	12.06	13.66	1880	7.—	6.74	4.96	5.46
1861	7.50	7.82			1871	14.88	9.88			1881	6.21	6.56		
Moyennes	5.49	5.79	4.64	5.43		6.62	6.09	5.64	6.36		6.23	6.77	5.83	6.20

Bétail de boucherie.

TABLEAU n° 15.

BŒUF, les 100 kilos de viande nette.

	Avril	Août	Décembre		Avril	Août	Décembre		Avril	Août	Décembre
	Fr. C.	Fr. C.	Fr. C.		Fr. C.	Fr. C.	Fr. C.		Fr. C.	Fr. C.	Fr. C.
				1862	142.—	128.—	125.—	1872	167.50	175.—	172.50
				1863	127.—	137.—	130.—	1873	192.50	184.—	175.50
				1864	130.—	137.—	127.—	1874	181.—	161.—	150.—
1855	115.91	125.45	116.36	1865	140.—	124.25	119.—	1875	165.50	165.—	165.—
1856	126.13	127.27	127.64	1866	136.08	135.33	135.66	1876	172.—	175.—	164.—
1857	172.73	147.—	127.—	1867	153.50	146.—	135.30	1877	171.75	173.50	166.12
1858	131.24	126.—	121.50	1868	144.—	140.75	132.25	1878	173.40	177.50	165.—
1859	130.—	135.—	145.—	1869	147.50	148.80	149.—	1879	176.25	167.50	151.75
1860	154.—	145.—	128.—	1870	154.08	134.—	138.—	1880	157.25	166.50	155.—
1861	142.—	139.—	126.—	1871	200.—	167.—	156.—	1881	159.25	152.40	152.—
Moyennes	**138.86**	**134.96**	**127.36**		**147.42**	**139.81**	**134.72**		**171.64**	**169.44**	**161.69**

MOUTON, les 100 kilos de viande nette.

	Avril	Août	Décembre		Avril	Août	Décembre		Avril	Août	Décembre
				1862	142.50	127.50	125.—	1872	175.—	180.—	177.50
				1863	146.—	133.60	125.50	1873	205.—	171.66	166.86
				1864	146.—	129.66	120.75	1874	186.66	175.—	152.50
				1865	137.—	121.—	135.—	1875	185.—	160.	160.—
				1866	139.42	129.—	128.34	1876	172.—	196.—	160.—
				1867	161.50	143.60	142.66	1877	186.25	189.75	172.50
1858	137.50	120.—	115.—	1868	163.34	141.75	131.50	1878	194.50	176.25	171.25
1859	150.—	115.—	135.—	1869	151.50	152.25	145.—	1879	185.—	182.50	157.50
1860	155.—	150.—	119.—	1870	170.—	128.75	130.—	1880	165.—	161.24	145.—
1861	141.50	131.38	115.—	1871	186.25	155.—	152.50	1881	169.26	169.—	151.50
Moyennes	**146.—**	**129.10**	**121.—**		**154.35**	**136.20**	**133.62**		**182.37**	**176.04**	**161.46**

Bulletin de la Classe d'agriculture.

Prix des **journées d'ouvriers** de campagne nourris et logés de 1852 à 1881 et moyennes décennales.

TABLEAU n° 16.

	Janvier	Février	Mars	Avril	Mai	Juin	Juillet	Août	Septembre	Octobre	Novembre	Décembre	Moyenne de l'année
	Fr. C	Fr. C.	Fr. C.	Fr. C.	Fr. C.	Fr. C.	Fr. C.	Fr. C.	Fr. C.	Fr. C.	Fr. C.	Fr C.	Fr. C.
1852	—.38	—.50	—.77	—.58	—.50	—.55	—.96	1.07	1.22	—.74	—.45	—.37	—.67
1853	—.33	—.40	—.56	1.04	—.74	—.89	—.96	1.01	1.04	—.78	—.42	—.34	—.71
1854	—.46	—.41	—.65	—.67	—.38	—.44	—.85	1.25	—.84	—.74	—.44	—.36	—.62
1855	—.30	—.28	—.86	1.18	—.72	—.87	—.98	1.05	1.28	—.87	—.56	—.43	—.78
1856	—.33	—.78	1.18	1.23	—.92	1.53	1.37	1.17	1.01	1.04	—.78	—.62	1.—
1857	—.52	—.74	1.23	1.26	—.94	1.29	1.35	1.25	1.54	1.11	—.90	—.83	1.09
1858	—.63	—.72	1.23	1.75	1.22	1.61	1.85	1.36	1.77	1.28	—.90	—.72	1.25
1859	—.65	—.90	1.19	1.10	1.34	1.26	1.62	1.12	1.06	—.94	—.83	—.66	1.06
1860	—.63	—.75	1.08	1.54	1.13	1.14	1.17	1.22	1.64	1.33	—.89	—.70	1.10
1861	—.59	—.84	1.33	1.49	—.84	1.16	1.42	1.34	1.27	—.97	—.74	—.62	1.05
Moyennes	0.482	0.632	1.008	1.184	0.873	1.074	1.253	1.184	1.267	0.980	0.691	0.565	0.93
1862	—.56	—.60	1.12	1.38	1.12	1.49	1.36	1.18	1.59	1.10	—.92	—.84	1.10
1863	—.64	—.94	1.22	1.52	1.35	1.63	1.69	1.38	1.56	1.38	—.92	—.88	1.26
1864	—.64	—.82	1.84	1.41	1.47	1.89	1.45	1.33	1.48	1.25	—.94	—.86	1.28
1865	—.72	—.74	1.25	1.83	1.49	1.72	1.38	1.22	2·04	—.99	—.94	—.77	1.26
1866	—.67	—.87	1.43	1.79	1.38	1.87	1.85	1.47	1.72	1.23	—.87	—.65	1.32
1867	—.55	—.93	1.45	1.62	1.54	1.82	1.49	1.09	1.12	—.96	—.69	—.60	1.15
1868	—.50	—.66	1.07	—.80	1.14	1.58	1.27	1.17	1.76	1.29	—.84	—.75	1.07
1869	—.72	—.93	1.49	1.83	1.38	1.81	1.73	1.46	1.24	1.37	—.95	—.80	1.31
1870	—.77	—.87	1.92	1.57	1.12	1.37	1.24	1.06	1.73	1.41	1.13	—.75	1.24
1871	—.59	1.02	1.70	1.48	1.19	1.62	1.82	1.84	1.50	1.80	—.92	—.70	1.35
Moyennes	0.636	0.838	1.449	1.523	1.318	1.680	1.528	1.320	1.574	1.278	0.912	0.760	1.23
1872	—.70	1.11	1.80	1.87	1.60	2.33	2.42	2.15	1.79	1.53	1.01	—.74	1.59
1873	—.79	—.99	1.77	2.35	1.41	1.89	2.08	1.48	1.85	1.43	—.94	—.80	1.48
1874	—.70	—.91	1.45	1.89	1.07	2.16	2.50	1.87	2.11	1.89	1.08	—.80	1.54
1875	—.80	—.85	2.—	1.77	1.81	2.19	2.25	2.—	2.57	1.48	—.87	—.64	1.60
1876	—.69	—.82	1.08	2.60	2.—	2.45	2.46	1.50	1.81	2.05	—.90	—.70	1.59
1877	—.72	—.95	1.25	2.71	1.87	3.10	2.73	1.74	1.55	1.38	—.83	—.72	1.63
1878	—.72	1.—	1.97	1.79	2.35	2.20	2.50	1.84	2.—	1.52	—.82	—.70	1.62
1879	—.72	—.92	2.20	1.47	1.34	2.03	1.27	1.71	2.01	1.34	—.80	—.40	1.35
1880	—.62	1.12	1.96	1.16	1.30	1.75	1.90	1.75	1.74	1.69	—.94	—.78	1.39
1881	—.87	—.73	1.90	2.14	1.49	2.34	2.—	1.15	1.70	2.—	1.05	1.—	1.53
Moyennes	0.733	0.940	1.738	1.975	1.624	2.244	2.211	1.719	1.913	1.631	0.924	0.728	1.53

Bulletin de la Classe d'agriculture.

www.ingramcontent.com/pod-product-compliance
Lightning Source LLC
Chambersburg PA
CBHW071755200326
41520CB00013BA/3267
* 9 7 8 2 0 1 3 7 1 4 7 1 6 *